嬿兮

整花一线连

无须断线的
钩编花片应用

顾嬿婕 著

上海科学技术出版社

前　言

我与毛线的情缘

我之爱编织，缘于母亲。她心灵手巧，编织、刺绣、裁衣、做鞋样样出色，她常说："女孩子是要会女红的。"高考结束后的那个暑期，我跟着母亲学编织、学做衣服，此生亲手编织的第一件毛衣，就是那时完成的，母亲还夸我有天赋。后来读书、工作，不曾再碰编织，直到孩子 4 岁那年，某日与同事聊及小时候穿妈妈手织毛衣的温馨往事，我俩心血来潮，当即去买来针线，买了两本编织书，重拾编织。

此后，我对编织越来越着迷。记得那时，着迷到骑电动车上下班的路上等红绿灯的空隙，都要拿出来织几针；陪孩子睡觉，怕影响他入眠，又不舍得浪费时间，关了灯看不见凭感觉也能织；熬到孩子睡了，终于自由了，再回自己房间继续织，常常织到凌晨一二点，有时候为了赶着完工甚至通宵达旦。

编织得越多，越觉得自己所学有限。我开始不满足于现状，广泛搜集海量国内外编织书，研究新的技法，学习新的款式，对编织的热爱不再限于业余的喜欢。那个时候，已经开始计划退休后开间毛线店。

经过了自学和自我摸索的阶段，2013 年，我开始学习源自日本的编织课程，通过持续多年的专业课程学习，获得日本"编织准师范资格"（相当于国内的高级工程师）。我还先后参加日本编织名师志田瞳、广濑光治、冈本启子、河合真弓、风工房等举办的各种编织讲习课程，欧洲编织名师安和卡洛斯的讲习会等。2014 年，志田瞳老师来上海时，有幸做了她的助教，对我的提升也很大。2017 年，参加了日本宝库社《毛线球》杂志的 AI 编织制图课程，学习专业绘制编织品电子图纸的方法和规范。经过系统的学习，大量的实践，特别是在图书出版过程中精益求精的练习，我已经可以熟练应用、并且高效地完成作品图解的绘制。

回首我与毛线的情缘，始于业余爱好，经过专业学习，再到现在的设计创新。现在我和我的团队一起创作、学习和进步，从指导她们理解、设计、编织、完成作品，再到鼓励和引导大家大胆尝试，一步步走上原创设计之路，这条路上我们相伴相知，教学相长，为呈现更多高品质原创编织作品一起努力着……

嫵兮整花一线连的诞生

最初，我对棒针的喜爱大于钩针。记得刚开始学习一线连技法的时候，一不留神很容易出错，一旦出错补花回来时才能发现，只能拆掉那些已经钩编好的花片，不但浪费了之前创作的时间，而且要亲手拆掉辛苦钩编好的花片，那真是万分心疼和懊恼。

"不出错"成了我钻研一线连技法的内驱力。随着时间的推移，不知不觉中我开始着迷于此技法，不断解锁各种难度的花片以及花片的拓展应用。在经历各种失败后，终于功夫不负有心人，量的积累换来了质的飞跃，不但业精于此，还有了创新和突破。

目前被广泛应用的日本一线连技法，必须是从起点回到终点。而我自己创新的一线连技法，从起点开始，可以向各个方向发散，可谓多条道路通罗马，不需要再回到原点。我也实现了最初的愿望：错了只需要拆一个花片，不用再拆一排花片。这真是一个拯救错误的好方法，同时也大大提高了钩编的效率。我的这项技法也得到了众多织友的好评和肯定。

这个技法可以用“十年磨一剑”来形容，经过多年孜孜不倦的编织学习和悉心研究，吸取日本专业编织和中国传统编织技法中的编织原理与技法，持续改进无须断线的连续钩编技巧，多次优化渡线方案，使渡线真正无痕，并逐步形成了完整的技法体系。源自日本的花片连编技法更接近于“半花一线连”，我的方法则是“整花一线连”。为了更好地保护和发展这个技法，我还申请注册了商标，于是这种无须断线连续钩编花片的技法有了自己专属的名称：“整花一线连”“嬿兮一线连”。

新书开启新的历程

2021年8月，我出版了自己的第一本书《嬿兮整花一线连》，织友们的好评、读者的反馈给了我巨大的鼓励和不断开拓向前的信心。在众多图书的激烈竞争中本书荣获2021年度“豫版好书”优秀奖，十分惊喜和意外。有了第一次出书的经验和总结，我希望有更多更好的作品回馈粉丝和织友们的支持。怎样设计更多高质量作品成为我和团队努力的方向，于是从去年8月即投入新作品的设计和制作中。

成衣的设计和制作是“嬿兮整花一线连”进一步拓展和应用的难点和重点，所以新书大大增加了毛衣的篇幅。为使整件毛衣能够不断线连续钩编，梳理编织逻辑时，不仅要更充分地考虑承前与启后，还要关注编织者的舒适度，并兼顾读者阅读的需要。所有图纸的绘制，尽可能地细致详尽又反复推敲修改，力求内容既不重复又简明易懂，让读者更方便按图索骥，更容易完成作品。

本书围绕整花一线连的应用，传递了我们对毛线编织品设计的理解，也希望能够借此给予织友们更多设计灵感的启示。

如果，您也和我一样喜爱编织、喜爱钩针的无限可能和乐趣，不妨试试一线连的钩编技法，如果我的“嬿兮整花一线连”能给您不一样的体验和收获，那将是我莫大的荣幸。

顾嬿婕

2022年6月于上海

目　录

关于嫣兮整花一线连

“嫣兮整花一线连”是作者在学习中国传统编织技法和日本专业编织技法的过程中，受日本花片不断线连续钩织原理的启发，而研究创新的钩针花片拼接技术，经过十年研究，持续改进整个花片完整钩编且无须断线的连续编织技巧，不断优化渡线方案，使渡线真正无痕，逐步形成的完整的技法体系。

特点

1 只要毛线球足够大，就可以让花片持续不断地钩编，无论是几十个还是几百个甚至更多花片，都只有开始和结束两个线头。

2 可以按作品设计需求，多角度转换花片连接的起始点，也可以随时改变花片连接的方向。

3 能最大限度地完整表达段染线颜色过渡的美感，解决半花一线连技法会导致花片最后一圈的颜色无法协调的问题。

4 菠萝花片、蝴蝶兰花片、叶子等诸多形状不规则的花片，都可以不断线连续钩编。

5 因为可以按连接需要多角度改变方向，所以设计应用的广度和深度也在不断拓展，趣味性和设计性也更强。

6 无痕渡线，不仅使织物正面更加漂亮，反面也同样完美。

7 如果出错，通常在下一个花片拼接时就能发现，这样只需要拆除一个花片。如果在多个花片之后才发现前面的花片有错误，也只需拆除到相关花片最后一圈的连接部分即可，大大提高了编织效率。

8 在同一作品中，可以将多种花片、多种编织技术混合应用，得心应手，使作品表现更丰富，更美观。

9 用“整花一线连”，花片藏线头的烦恼一扫而光。

10 用“整花一线连”钩织作品，会让编织者有不愿停止的愉快编织体验，超级治愈。

技法体系

1 规则的三角、四角、六角、八角、圆形花片，以及其他多边形花片的整花一线连。

2 立体花片的整花一线连。

3 不规则形状花片的整花一线连。

4 一个花片多种颜色的不断线连线钩编。

5 爱尔兰蕾丝的整花一线连。

6 花片与钩针花样交错结合*的不断线连续钩编。

7 花片与棒针编织交错结合*的不断线连续钩编。

8 花片与阿富汗针编织交错结合*的不断线连续钩编。

9 花片与布鲁日蕾丝结合整花不断线连续钩编。

10 加入更多编织元素的整花不断线连续钩编。

实际应用中，这些技法是相互穿插和变化的。

* 交错结合是指“一片单元花片”+“一块棒针织片”（把棒针织片当单元花片使用）交叉拼接。

当一个个美丽的花片在指尖绽放，编织者会充分体验到钩针编织的愉悦，成就感满满。“嫣兮整花一线连”就是有让人停不下来去创作的神奇魔力。

四 角 花 片

四角花片

01
祖母方块毯子

这是一款编织新手也适合的基础款作品，方便读者从简单作品入手。柔软的棉线毯子给宝宝用也很适合。妈妈亲手钩编的毯子，满满的爱意。

设计：顾嫦婕
制作：顾敏
毛线：回归线
编织方法：P.49

四角花片

02

三角大披肩

无论是杨柳风、桃花雨，抑或碧云天，黄叶地，一条能包住自己的大披肩，或温暖或美丽。白色则是缤纷色彩中最遗世独立，又与尘世最相容的存在，四瓣的三叶草花语是希望和幸运的祝愿。

设计：赵颖、顾嫣婕
制作：赵颖
毛线：Sesia
编织方法：P.51

四角花片

03

晚礼服小外套

稳重的色系，带着夹银线的华丽，棒针与钩针结合，让作品不沉闷，后身片作分散减针的设计，使这种结构的衣型穿着更服帖更能修饰身材。搭配连衣裙或礼服，是参加晚宴的不错选择。

设计：王健、顾嫣婕
制作：王健
毛线：Lang
编织方法：P.55

四角花片

|

04

晚礼服手拿包

设计：王健、顾嫣婕
制作：王健
毛线：Lang
编织方法：P.59

手拿包与小外套相得益彰，翻盖处设计的花形，呈现棒针扭针罗纹的效果，呼应小外套的棒针元素，翻盖边缘的花边既让整个设计有了些许的俏皮，又与上衣边缘视觉上更和谐。

四角花片

05
凤尾披肩

立体花片与平面花片交错拼接的设计，使长长的披肩，不再平铺直叙，不只是简单的重复。披肩两端用段染色的马海毛点缀，增加飘逸感，拼接处特别设计了花边，让两种不同的线材过渡更加协调，点缀紫色米珠增加视觉效果。

设计：张群、顾嬿婕
制作：张群
毛线：回归线
编织方法：P.61

四角花片

06

祖母方块与棒针结合的长袖毛衣

这款祖母方块与棒针结合的毛衣，实用又别致的设计，精心选用了有圈圈绒和马海毛混纺的特色线。下摆花片错半格设计，一侧作开衩，呈现错半格拼接的趣致。袖子的花片则按常规方法拼接，袖口有小开衩。

设计：顾嬿婕
制作：顾嬿婕
毛线：Olympus
编织方法：P.64

四角花片

07

祖母方块与七宝针结合的前后两穿毛衣

这款作品一面用花片拼接，另一面用七宝针的钩针编织花样，袖口宽大，下摆与袖口用同一花样。这款作品很好地表达了同种线材在花片和普通钩针花样中的运用，以及色彩过渡的不同美感。

设计：顾嬿婕
制作：顾嬿婕
毛线：嬿兮
编织方法：P.67

四角花片

08
嵌入中国结花片的泡泡袖上衣

这是一款难度较高的作品，选用偏灰调的藕粉色，花片阶梯排列，用嵌入式的方法与主体连接，腋下也用同款花片的直排连接，领口作了一个小小的设计。袖口选了比较容易造型的花形，既与整衣花形协调，又能自然垂坠，袖口收边，形成泡泡袖的效果。

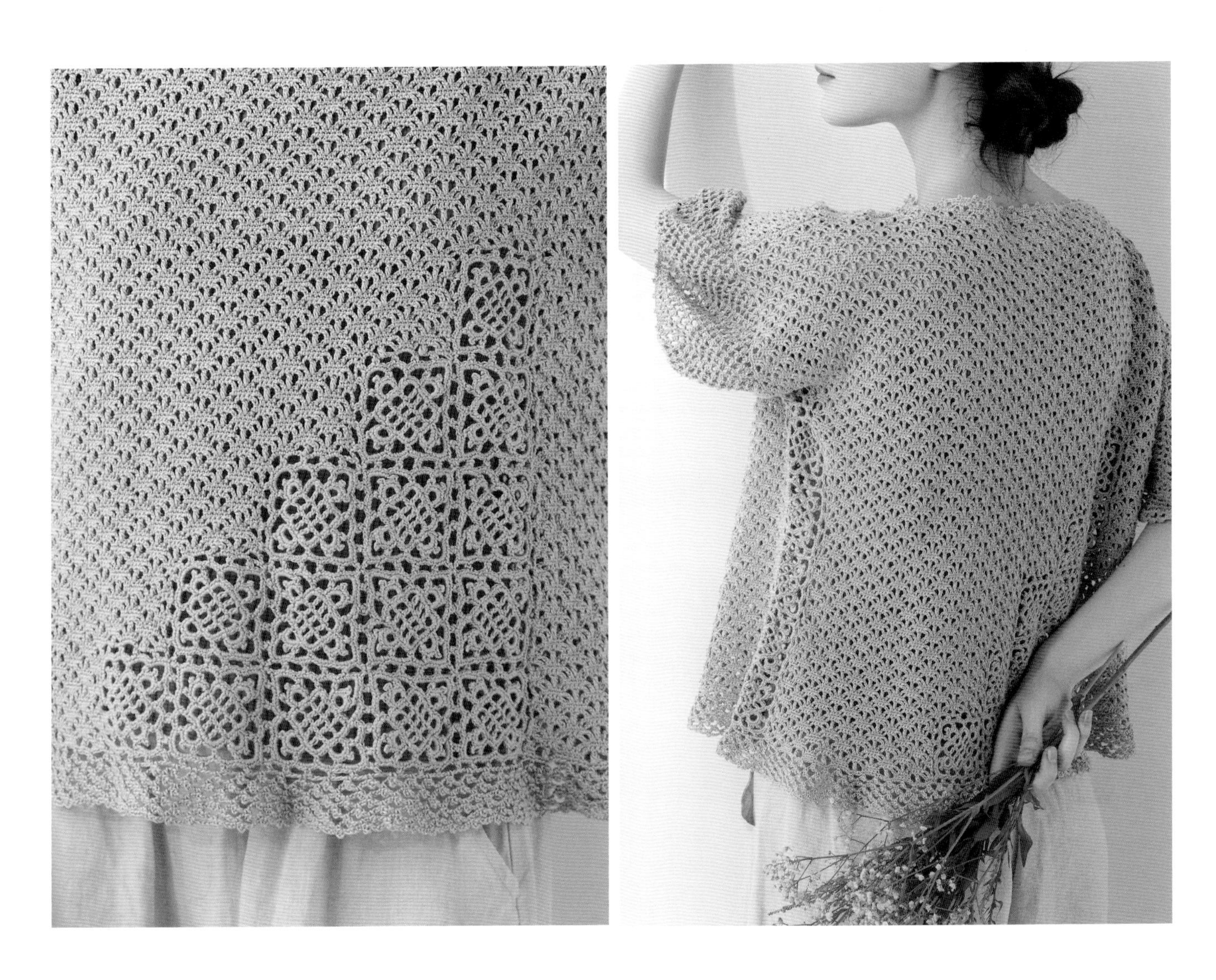

设计：顾嫣婕
制作：顾嫣婕
毛线：Olympus
编织方法：P.71

四角花片

09
Y领系带开衫

宽松的外形加腰部系带的设计，既舒适又修饰身形。袖口的系带设计，可以由穿着者的喜好系出不同的样式。袖子和腋下花片是连起来钩编的，再次呈现整花一线连拼接角度灵活变换的特点。

设计：顾嫣婕
制作：曹莉、张群
毛线：回归线
编织方法：P.76

四角花片

10
腰带装饰的阿富汗针长背心

不同的编织技法，不同的线材，使相同的白色有了不同的色度呈现。四叶草形状的花片装饰腰部，成了阿富汗针编织的主体背心的点睛之处，金葱的棉线作下摆、领口、门襟以及袖口的修饰，完美地勾勒出整个作品的边缘。

设计：徐雯、顾嫣婕
制作：徐雯
毛线：Lang、Hamanaka
编织方法：P.81

六角花片

11

花片变化设计的连衣裙

花片中饱满醒目的中长针的枣形针让这款六角花片看上去像圆形花片。疏密相间的花形，使这款过膝的连身裙没有一般毛线裙的笨重感。选用与粉色和谐又有变化的玫红色系作花蕊，在裙子前片不规则地加入，裙子瞬间变得灵动可爱。下摆保持花片的原形，袖子和领口运用花片的变化，饰以与主花样相和的边缘花边，增加裙子的精致感。

设计：徐雯、顾嫣婕
制作：徐雯
毛线：Sesia、Lang
编织方法：P.87

设计：顾嬿婕
制作：顾嬿婕
毛线：回归线
编织方法：P.94

六角花片

12

半袖棉线套头衫

这是一款花片拼接基础款作品，六角花组合成的半袖上衣，只有领口作了些许调整，袖口和下摆保持了六角花的花形。这款作品也是我们为了启迪读者更广泛地应用整花一线连技法而特意设计的，上身效果出乎意料得好，不挑身材，是非常值得尝试的一款作品。

六角花片

13

两件套：花边领的短款长袖毛衣

作品选用花形比较密实的六边形祖母方块，领口是沿着花片变化的V领，为了和裙子呼应，选用了裙子上的立体花花蕊作V领尖的点缀，袖口把花片拉成平面的直筒袖。这款上衣套装穿着显得成熟、职业，搭配牛仔又显得轻松活泼。

设计：顾嬿婕
制作：顾嬿婕
毛线：Sesia
编织方法：P.104

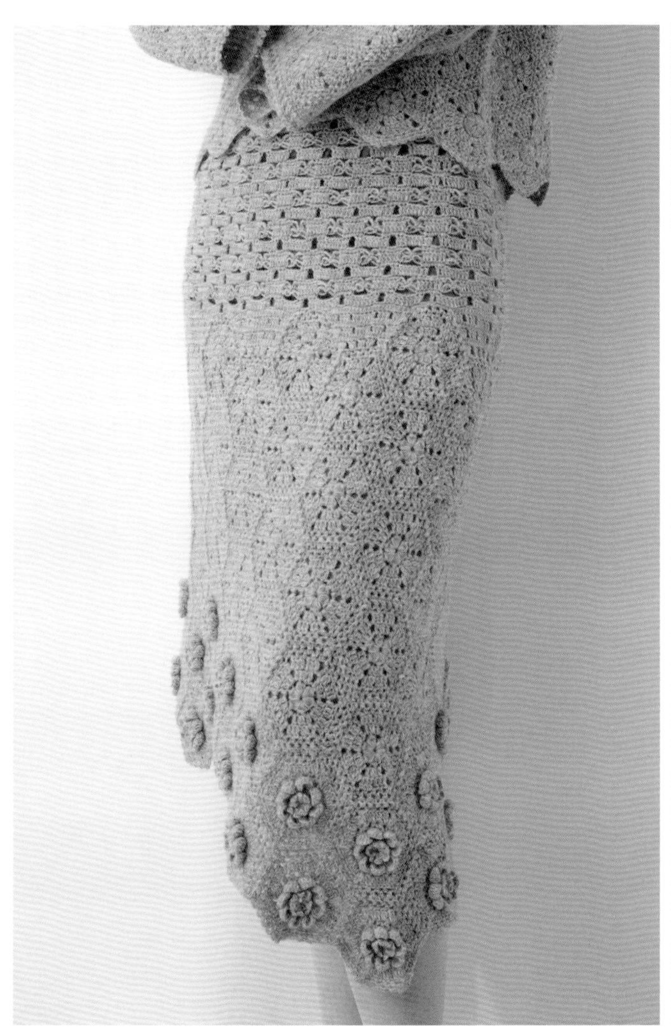

六角花片

14

两件套：两种花片结合的斜摆短裙

套装穿着时最怕沉闷，灰色又是比较职业的颜色，为了避免呆板，特意将裙裾设计成上下错落的变化造型，裙脚处的立体花片增加了裙子的华丽感。主体部分的祖母方块花形密实，因此上方采用镂空的七宝针窗格花样，让整个作品精致不拘谨，华美又矜重。

设计：陈亚男、顾嬿婕
制作：陈亚男
毛线：Sesia
编织方法：P.115

六角花片

15

设计探索之两种不同花形的围巾

六角花片

16

设计探索之两种不同花形的贝雷帽

用立体和平面两种花片设计的围巾和贝雷帽组合。基础的平面花片让围巾更贴合身形，两头立体花片的点缀让作品更俏皮活泼。其中围巾的立体花是规则排列，帽子的立体花则不规则放置，显得既不呆板又不失灵动。米色的毛线，视觉效果温暖舒适，又是秋冬的百搭色。

设计：陈亚男
制作：陈亚男
毛线：Sesia
编织方法：15–P.122
16–P.125

六角花片

17

设计探索之同款不同线贝雷帽

这款帽子与作品 16 的纯色帽子是相同的款式和制作方法，因为段染毛线的因素，自带了拼色效果。

六角花片

18

设计探索之与贝雷帽配套的手套

手套为了美与实用兼顾，只在手背处增加了立体花片。手套的袖口侧用内外钩长针花样作出罗纹针的收针效果来，使手套更贴合手腕，手套上下口边缘用结粒针设计，与帽子边缘一致又呼应。

设计：陈亚男
制作：陈亚男
毛线：嬿兮
编织方法：17-P.125
　　　　　18-P.129

八 角 花 片

八角花片

|

19

有趣的变化餐垫一：7 个花片的组合

设计：徐雯

制作：徐雯

毛线：Olympus

编织方法：P.130

这三种花片组合，你发现了什么？希望作品能传递给读者们的一个很重要的启发就是，整花一线连技法灵活多变的无限可能。这组小小的餐垫，只是展现了整花一线连千万种变化中的一点点，不断地尝试，你会发现这里面蕴含着无穷的奇妙、智慧和趣味。还有什么新的可能，一起试试吧！

八角花片

20

有趣的变化餐垫二：9个花片的组合

设计：陈亚男
制作：陈亚男
毛线：嬿兮
编织方法：P.130

八角花片

21

有趣的变化餐垫三：八角花和六角花的组合

设计：陈亚男
制作：陈亚男
毛线：嬿兮
编织方法：P.130

设计：顾嬿婕
制作：顾嬿婕
毛线：Olympus
编织方法：P.132

八角花片

22
前后两穿七分袖开襟外套

这款七分袖的小外套，正、反都可穿。正面开衫中规中矩，作外搭很实用，开襟穿到后背，用一枚心仪的别针固定会显得更时尚。百搭又新潮，想试一试么？这里使用的是难度提升一级的整花一线连技法，大花之间的空隙用小花填充，设计一线连路线时，难度会比单一花片更大，这个技法也是第一次推出。

圆形花片

圆形应该是最简单又最神奇的形状了，没有棱角的圆形天然可以随意组合，圆形花片的拼接更是如此。这里 9 个圆形花片组成了菱形的垫子，可作杯垫或者桌上的装饰，如同鲜花一样，能装点我们的家。可多尝试不同材质、不同颜色的线材，以及不同组合方式的效果，非常适合新手练习。

圆形花片

23

相同设计不同线材的菱形杯垫一

设计 : 顾嫣婕
制作 : 曹莉
毛线 : Olympus
编织方法 : P.122

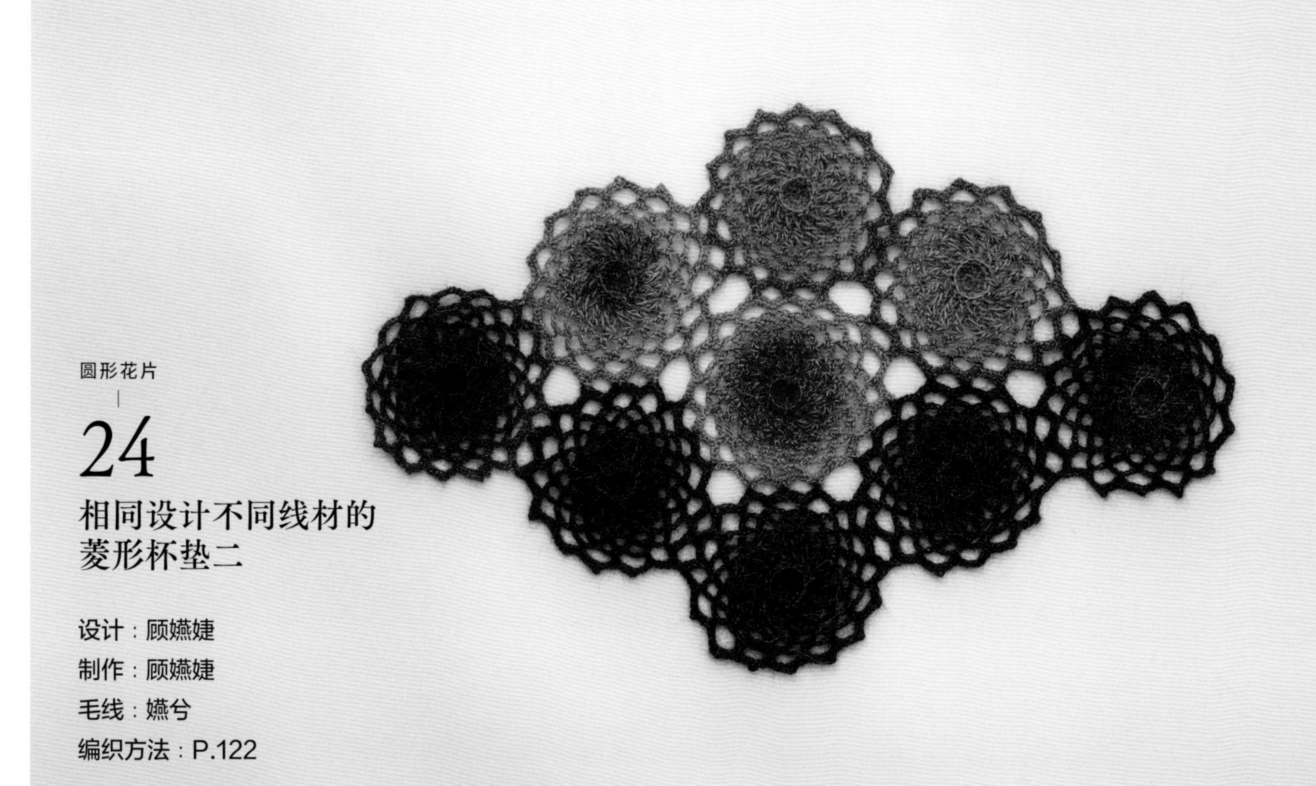

圆形花片

24

相同设计不同线材的菱形杯垫二

设计 : 顾嫣婕
制作 : 顾嫣婕
毛线 : 嫣兮
编织方法 : P.122

圆形花片

25

三种花片拼接的蕾丝饰领

四叶草和圆形花片相间，上方点缀立体的爆米花小花片，爱尔兰风格的蕾丝装饰领，让普普通通的基本款薄毛衣瞬间精致优雅。设计师追求的始终就是细节中见匠心。

设计：曹莉、顾嫣婕
制作：曹莉
毛线：Olympus
编织方法：P.141

圆形花片

26

相同设计不同线材的束口袋（小号）

出门闲步时，手机、钥匙、零散物品置于束口袋中，纯色设计、蕾丝花边的百搭手包，美观、可爱又实用。

设计：顾嬿婕
制作：顾嬿婕
毛线：横田
编织方法：P.143

圆形花片

27

相同设计不同线材的束口袋（中号）

相同设计的束口袋，改用段染线、仿佛开启了魔法万花筒。

设计：顾嬿婕
制作：顾嬿婕
毛线：Lang、Sesia
编织方法：P.143

圆形花片

28

双色发带

搭配同色系发带，束起额前和耳际的散发。中间浅灰色作主色，提亮肤色，边缘用段染色线点缀。

设计：顾嬿婕
制作：顾嬿婕
毛线：Lang、Sesia、横田
编织方法：P.143

29
中心大花的单肩背包

包的中心是一个大的立体花，小花围绕中心的大花。制作时，第一面从中心向外围编织，另一面从外围往中心收拢。整花不断线的设计，是对图形的组织能力的极高考验。设计师将她土木工程师的专业技能应用于编织作品的尝试，看似简单的作品，里面大有乾坤，走线的严谨超乎想象，来挑战试试吧！

设计：邓歆红
制作：邓歆红
毛线：横田
编织方法：P.145

圆形花片

30
V 形拼接的横向编织背心

主体的棒针部分，花形简单，采用横向编织，形成纵向条纹效果。前襟领口的花片用整花一线连做 V 形设计，选用浅色的马海毛，让花形更加舒适柔和，还有若隐若现的效果。下摆边缘钩小花对应领口花形，袖口边缘用起伏针编织，与身片条纹的立体感更协调。

设计：黄磊、顾嬿婕
制作：黄磊
毛线：回归线
编织方法：P.150

圆形花片

31 风车花长款斗篷

这款三角形斗篷虽然结构简单，但使用了大小花拼接的方法，属于整花一线连高阶难度的作品。斗篷主花为螺旋设计的圆形花片，层层递进的美一圈圈地绽放出来，从浓烈到淡雅，从清浅到深浓，总是相宜。领口设计了一款可以取下来的太阳花胸针，也可自由发挥搭配喜爱的款式。

设计：赵颖、顾嬿婕
制作：赵颖
毛线：嬿兮
编织方法：P.154

圆形花片

32

编入米珠的不对称斗篷

这是一款探索设计的作品，作品用到了九角、十角、十一角、十二角四种不同花片的拼接。段染线钩编，每个花片的颜色都会不一样，边钩边加入米珠点缀，提亮冷色。领口加入米色的皮绳，黑灰色的古董珠作坠，既是装饰又可调节松紧，让斗篷美观又实用。

设计：顾嬿婕
制作：顾嬿婕
毛线：嬿兮
编织方法：P.161

圆形花片

33
与机编花片拼接的饰领

亮色的机编花片作为花芯，使得整个领子更为耀眼，围绕花芯的分散加针设计，形成螺旋花的视觉效果，手工的美好在朵朵花片中静静地绽放出来。

设计：顾嫣婕
制作：顾嫣婕
毛线：Hamanaka
编织方法：P.165

圆形花片

34
多种技法的圆育克毛衣

这是一款精心设计，同时编织难度较高的作品。身片主体用棒针编织同时加入玉珠，袖子用钩针网眼编织、圆育克部分结合机编花片用分散加针的设计，对应前身片一组纵向的整花一线连的花片。育克与身片衔接处做了花边，点缀白色米珠，与身片部分米珠呼应。

设计：顾嫣婕
制作：顾嫣婕
毛线：Hamanaka
编织方法：P.167

四角花片

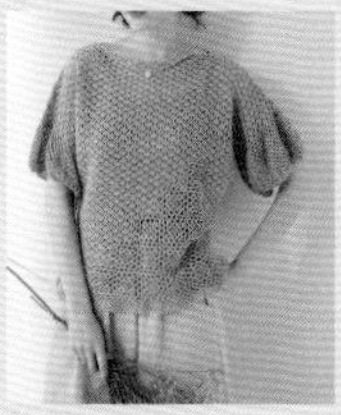

六角花片

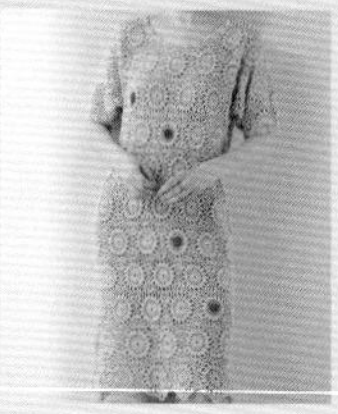

八角花片

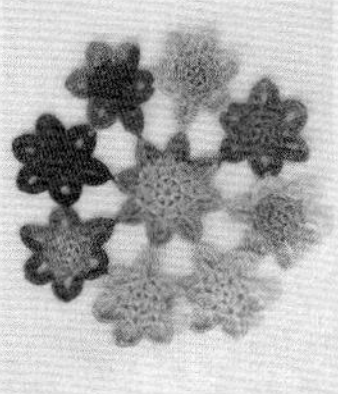

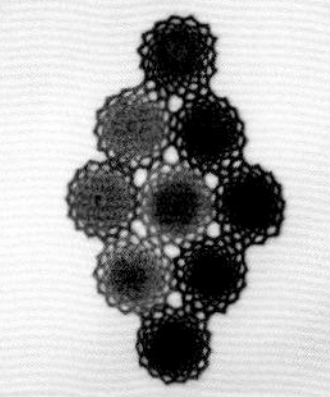

圆形花片

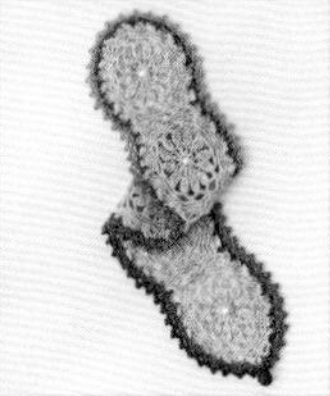

花片的连接教程

线　　材：回归线

工　　具：钩针、记号别针

单花片尺寸：6 cm × 6 cm

说　　明：这里以最基础的四角花花片的编织过程作为案例，用文字、图片和视频的方式记录，文字和图片中未能详尽的细节，读者可扫码观看视频。

本花片应用实例作品 09（见 P.20）

第 1 个花片

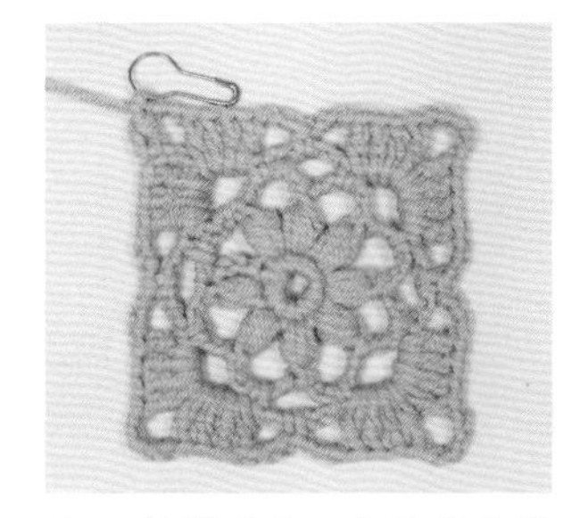

1　按照花片 1 上①②③④顺序完成第一个花片，不要断线，针目上挂上记号别针。

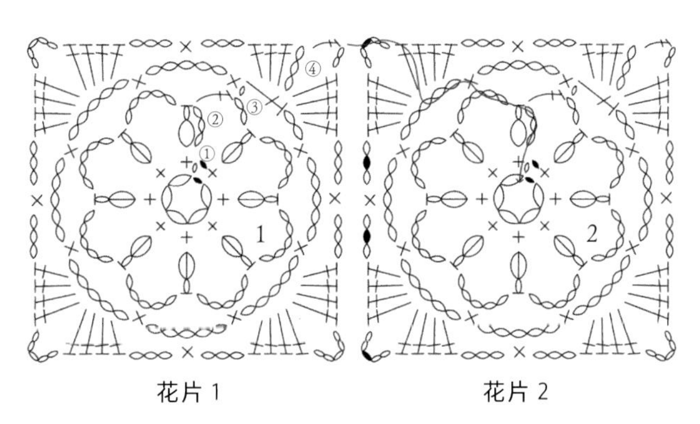

花片 1　　花片 2

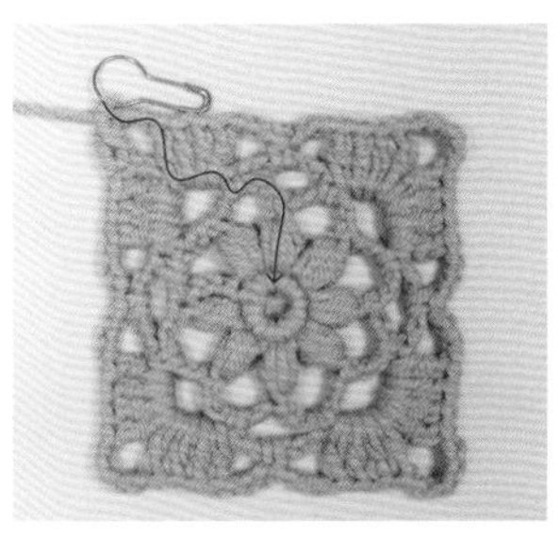

2　第 2 至 4 个花片，织法相同，只是渡线的位置不同，渡线位置参见红色线。

第 2 个花片

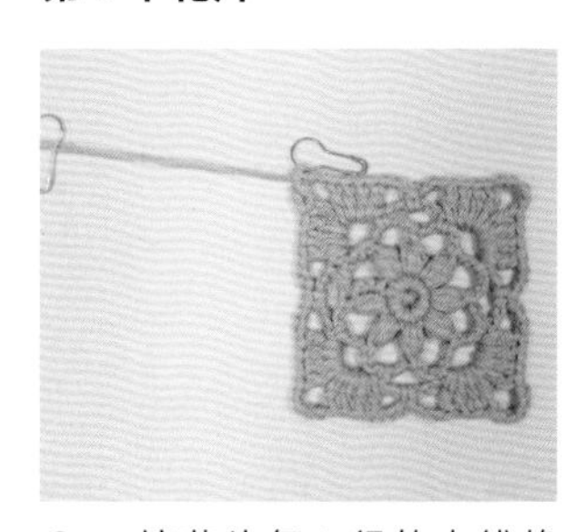

3　按花片每 1 行的走线趋势，确定渡线长度，挂上记号别针。

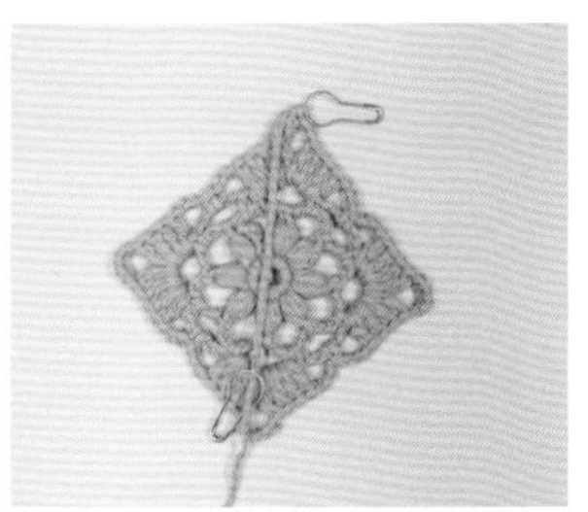

4　将渡线长度与花片 1 作比对，之后同方向的花片以此长度为准。

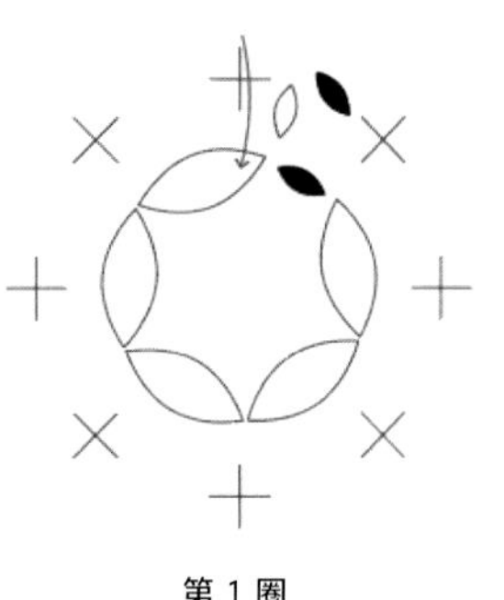

第 1 圈

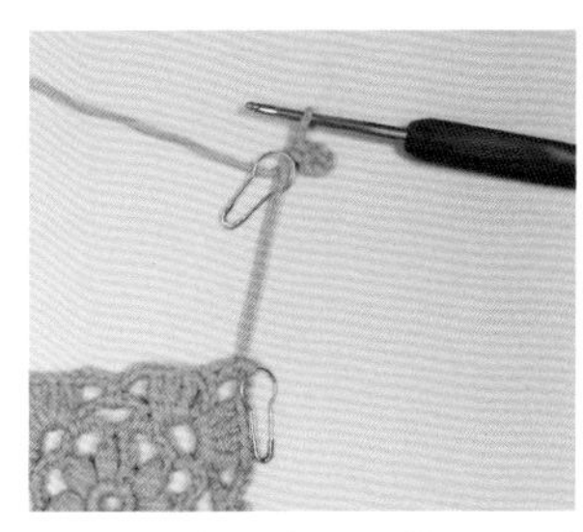

5　紧贴着渡线上的记号别针，钩锁针。钩 5 针锁针，将首尾作引拔。

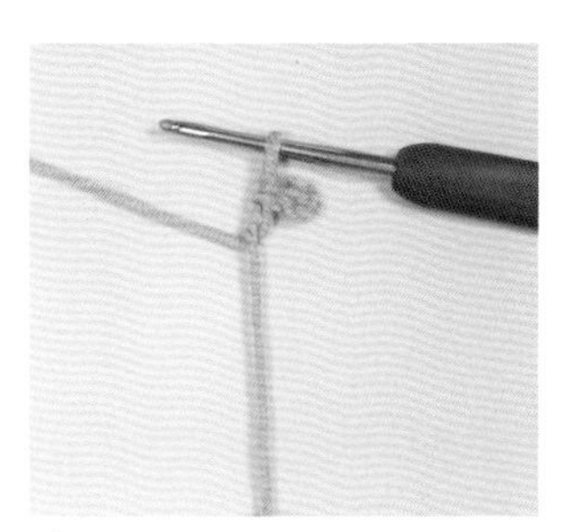

6　完成起针环，去掉渡线上的记号别针。

7　钩织 1 针锁针起立针，在第 1 针短针上渡线上去。

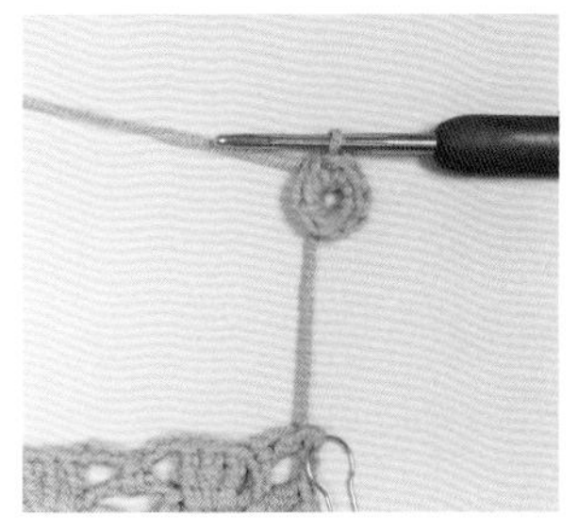

8　放开渡线，继续钩织 7 针短针，完成第 1 圈。

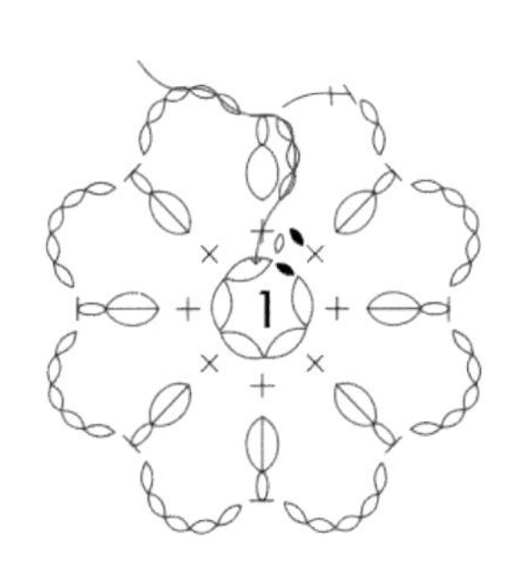

第 2 圈

9 钩织 1 针渡线的锁针，1 针未渡线的锁针，1 针渡线的锁针。

10 2 针未完成的中长针，完成这针变形的中长针枣形针。

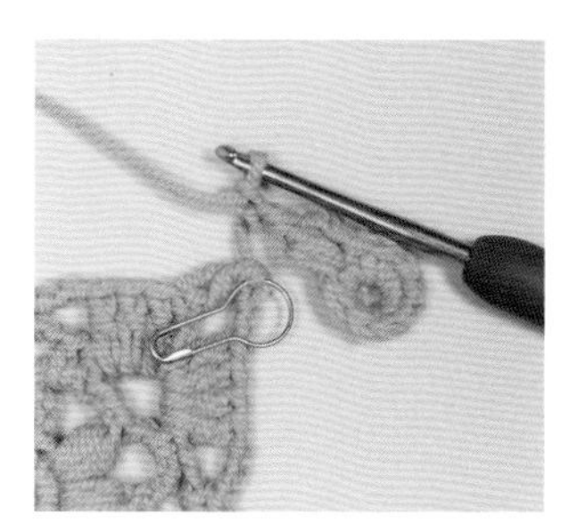

11 再钩 1 针未渡线的锁针，1 针渡线的锁针。

12 放开渡线，继续钩 3 针锁针，1 针变形的中长针的枣形针，5 针锁针，以此类推，按图解完成第 2 圈。

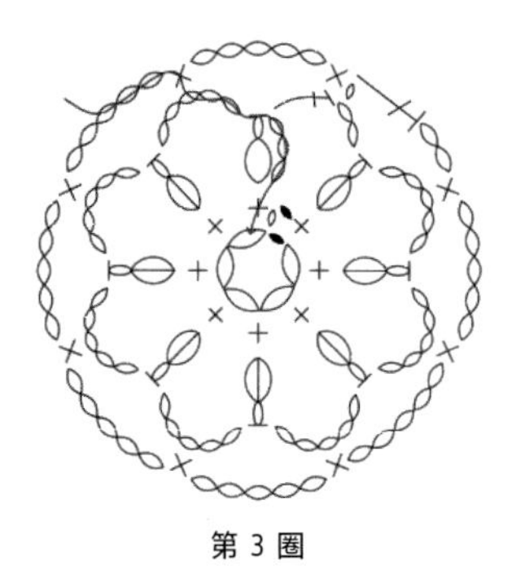

第 3 圈

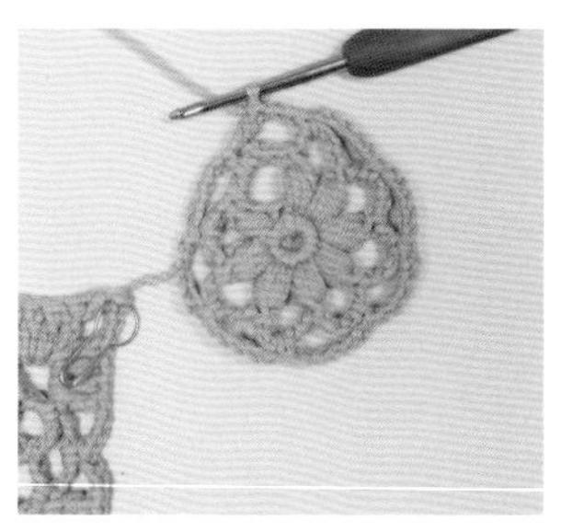

13 钩 1 针锁针起立针，1 针短针 5 针锁针，再钩 1 针短针，在这针短针上渡线上去。

第 4 圈

14 钩 1 针未渡线的锁针和 1 针渡线的锁针，放开渡线，按图解完成第 3 圈。

15 钩 3 锁针 3 长针，再 3 锁针 1 短针 3 锁针，继续钩 4 长针，在第 4 针长针时渡线上去。

16 再钩 1 针不渡线的锁针和 1 针渡线的锁针。

17 将钩的这个花片与前 1 个花片作引拔连接。

18 钩 2 锁针 4 长针 1 锁针，与第 1 个花片作连接。

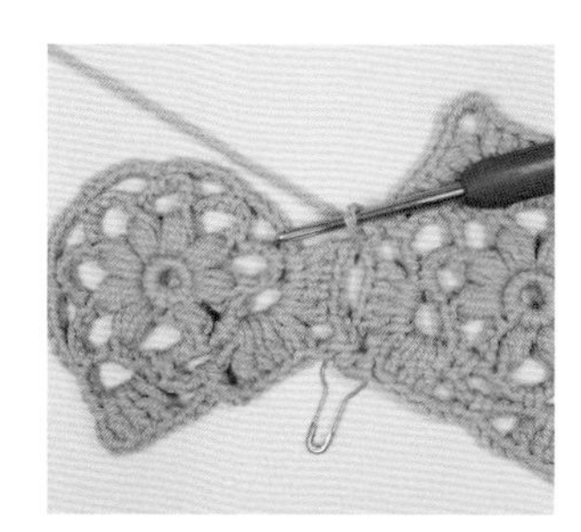

19 再钩 1 锁针 1 短针 1 锁针，继续与第 1 个花片作连接。

20 钩 1 锁针 4 长针 2 锁针，与第 1 个花片作连接。

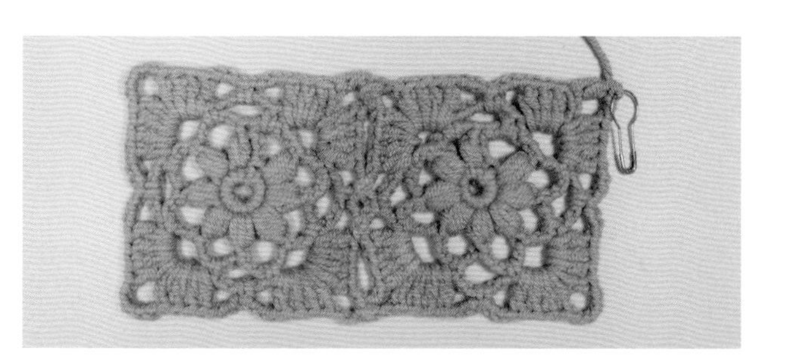

21 继续按正常花片钩织，完成第 4 圈，这样就完成第二个花片。

第 3 个花片

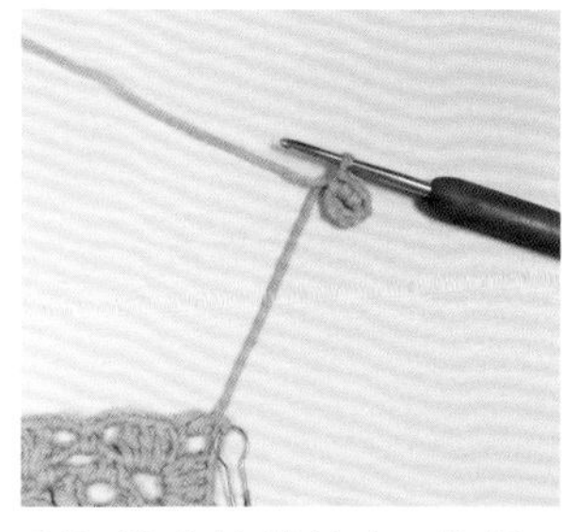

22 确定渡线长度，钩织 5 针锁针，第 2 针渡线。将首尾引拔成环。钩 1 针起立针后，钩织短针，在第 3 针短针渡线。

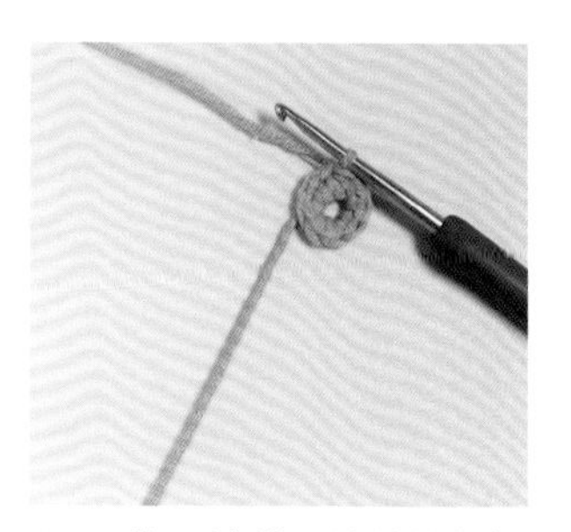

23 放开渡线，继续钩织短针，完成第 1 圈。

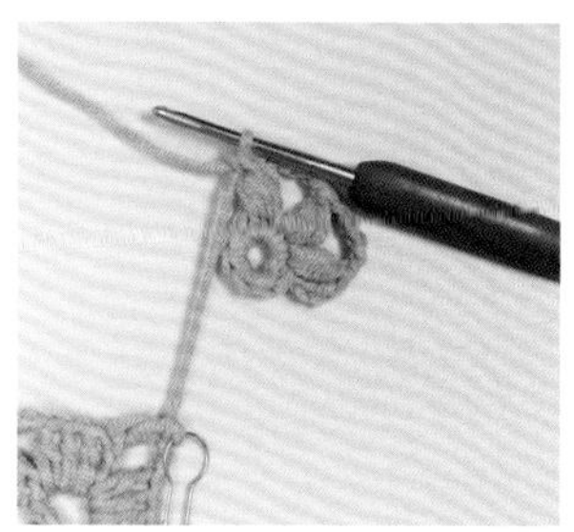

24 钩织 3 锁针，2 针未完成的中长针，在钩第 3 个中长针渡线上去，完成这个变形的中长针枣形针。

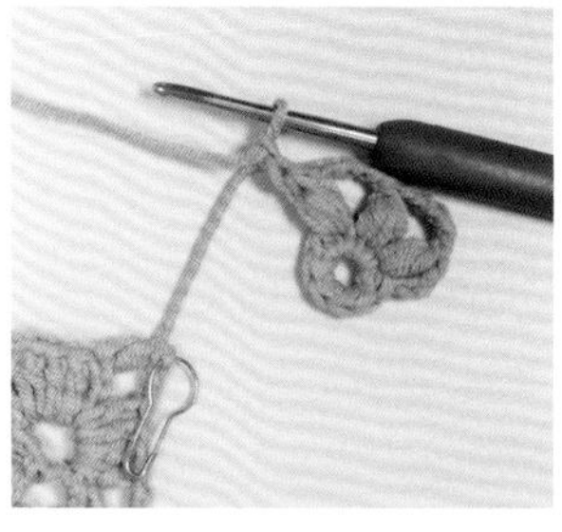

25 再钩 1 针未渡线的锁针，1 针渡线的锁针。

26 放开渡线，继续钩 3 锁针，1 针变形的中长针枣形针，5 锁针，以此类推，按图解完成第 2 圈。

27 钩 1 针锁针起立针，重复（1 针短针 5 针锁针）3 次，在第 4 个短针上渡线上去。

28 再钩 1 针未渡线的锁针和 1 针渡线的锁针。

29 放开渡线，按图解完成第 3 圈。

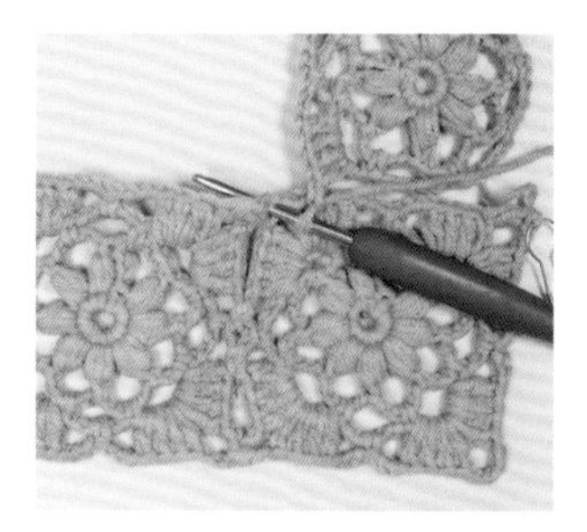

30 钩 3 锁针 3 长针，再钩 3 锁针 1 短针 3 锁针，继续钩 4 长针，2 锁针，钩第 3 个锁针与花片 1、2 拼接。

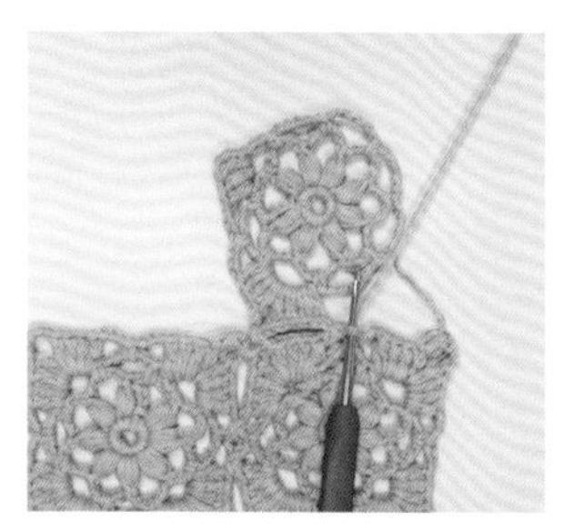

31 再钩 2 针锁针，4 针长针，1 针锁针，与花片 2 作引拔连接。

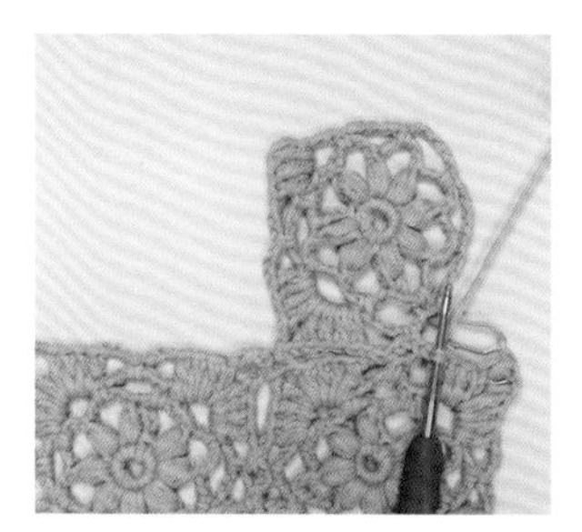

32 继续钩 1 锁针 1 短针 1 锁针，与花片 2 作引拔连接。

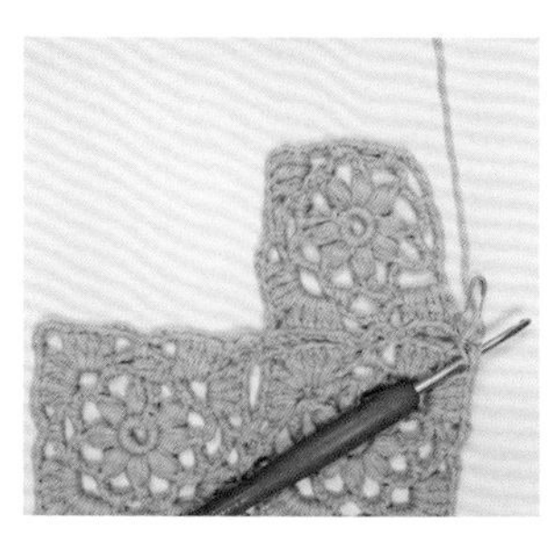

33 钩 1 锁针 4 长针 2 锁针，继续与花片 2 作连接。

34 按图解继续钩织，完成第 4 圈。这是第 3 个花片完成后的效果。

第 4 个花片

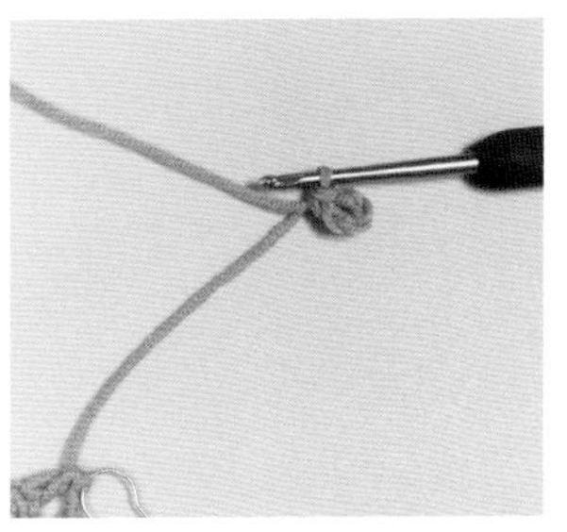

35 确定渡线长度，钩 5 针锁针，在第 3 针锁针处渡线，将首尾引拔成环。

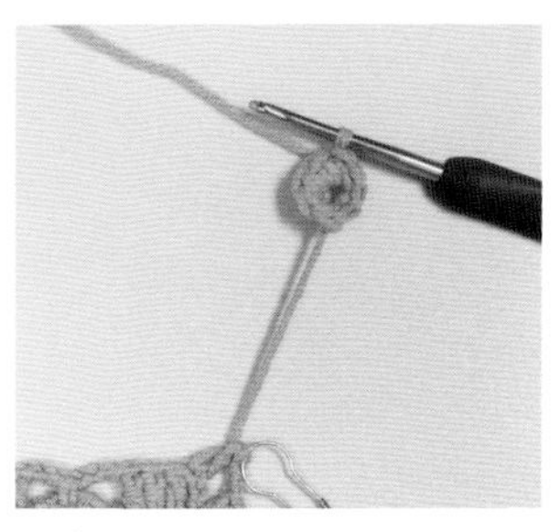

36 钩 1 针起立针，继续钩短针，在第 5 个短针渡线。放开渡线，继续钩余下短针，完成第 1 圈。

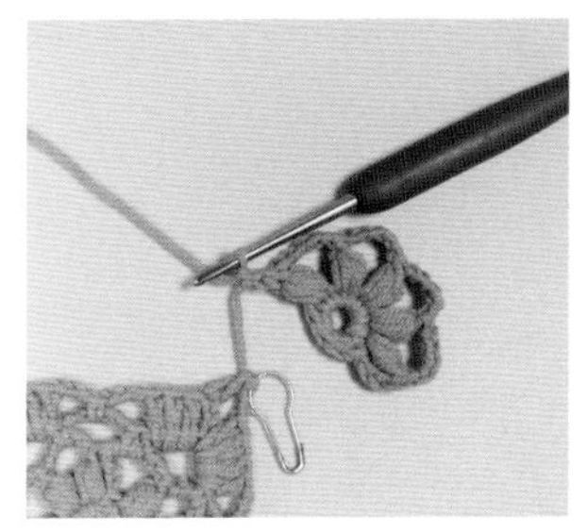

37 按图解继续钩织，在第 5 个变形中长针枣形针时渡线上去，再钩 1 针未渡线的锁针，1 针渡线的锁针。

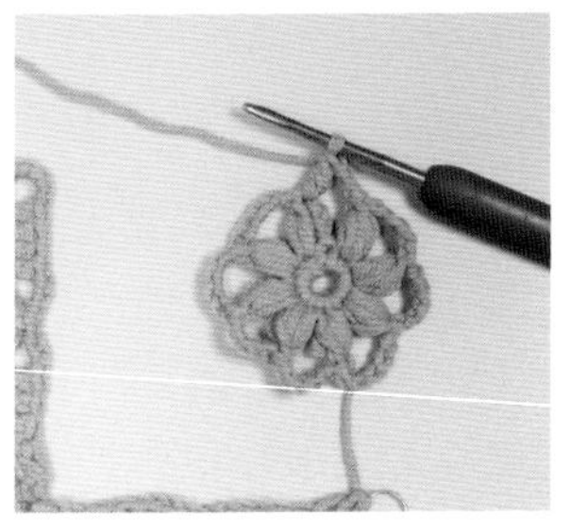

38 放开渡线，继续钩 3 针锁针，1 针变形的中长针枣形针，5 针锁针，以此类推，按图解完成第 2 圈。

39 钩 1 针锁针起立针，重复（1 针短针 5 针锁针）5 次，在第 6 个短针上渡线上去。

40 再钩 1 针未渡线的锁针和 1 针渡线的锁针，放开渡线，按图解完成第 3 圈。

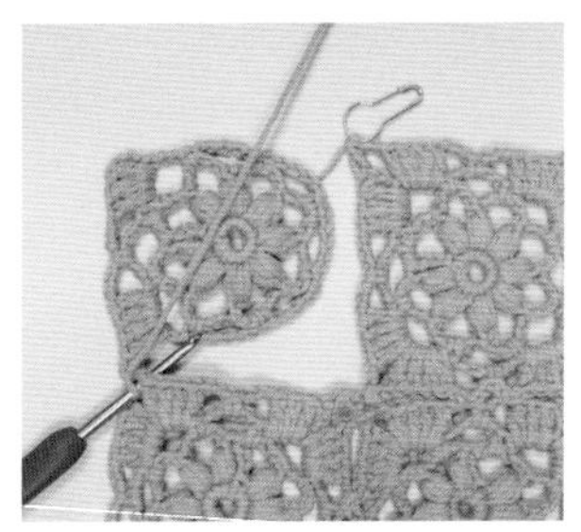

41 钩 3 锁针 3 长针，再钩 3 锁针 1 短针 3 锁针，继续钩 4 针长针，2 针锁针，接着与第 1 个花片拼接。

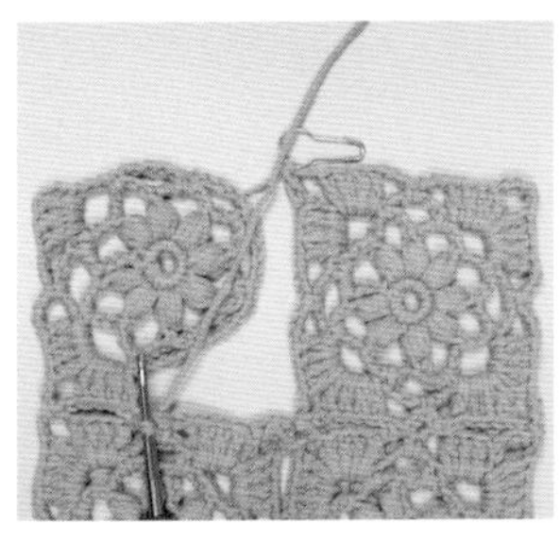

42 再钩 2 针锁针，4 针长针 1 针锁针，与花片 1 作拼接。

43 钩 1 针锁针 1 针短针 1 针锁针，按图解与第 1 个花片拼接。

44 继续 4 针长针，2 针锁针，然后与另外 3 个花片拼接。

45 再钩 2 针锁针，4 针长针 1 针锁针，按图解与第 3 个花片拼接。

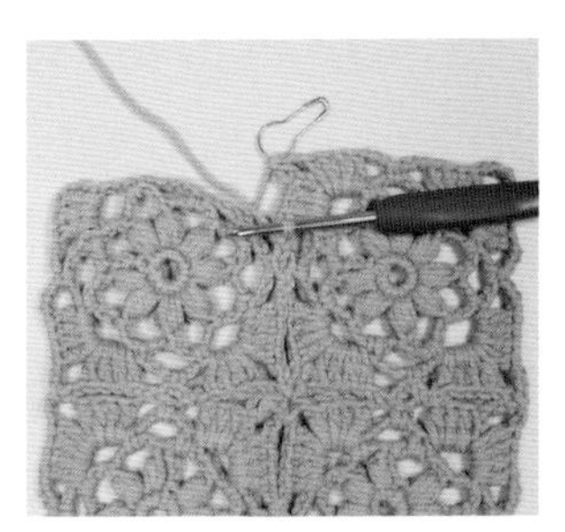

46 1 针锁针 1 针短针 1 针锁针，与花片 3 作连接。

47 1 针锁针 4 针长针，在第 4 针长针时渡线上去。

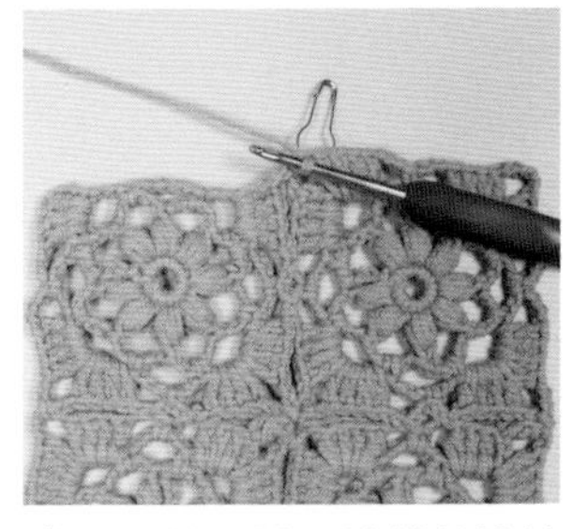

48 再钩 1 针不渡线的锁针和 1 针渡线的锁针，与花片 3 作引拔连接。

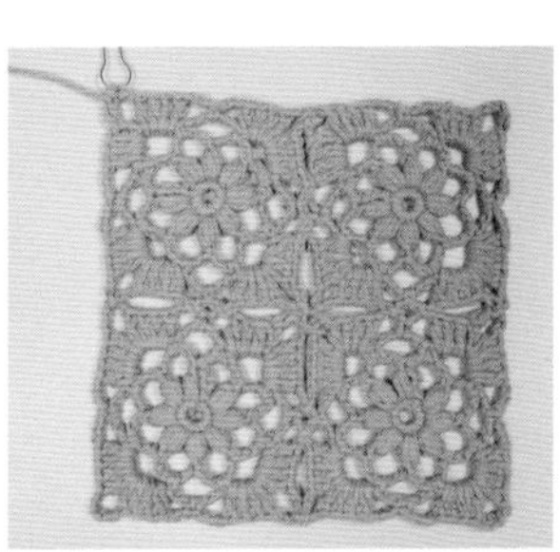

49 继续按正常花片钩织，按图解完成第 4 圈，1 个完整的四方连花片完成了。

01 – 祖母方块毯子

P.01

材料

回归线童趣茶白 600 克

工具

钩针 3/0 号

成品尺寸

宽 87.5 cm，长 82 cm

编织密度

花片：5.5 cm × 5.5 cm

编织要点

1. 按花片序号 1~210，不断线连续编织，详见花片连接图。
2. 花片钩编完成后不断线，继续完成毯子边缘编织。

☆本书编织图中长度单位均为厘米（cm）

花片

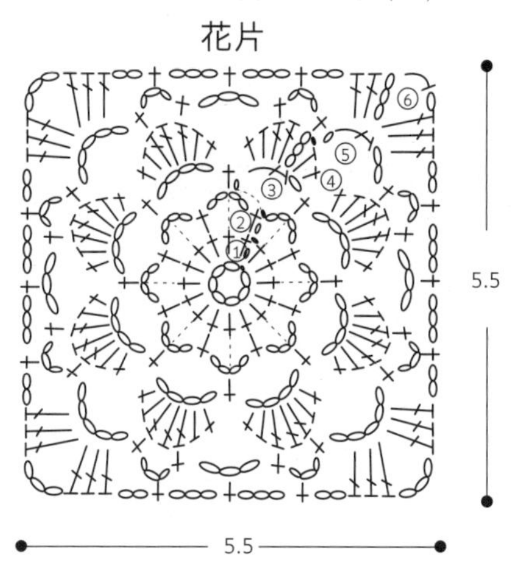

边缘编织 87.5（30个花样）

边缘编织82（28个花样）

210	209	208	207	206	205	204	203	202	201	200	199	198	197	196
181	182	183	184	185	186	187	188	189	190	191	192	193	194	195
180	179	178	177	176	175	174	173	172	171	170	169	168	167	166
151	152	153	154	155	156	157	158	159	160	161	162	163	164	165
150	149	148	147	146	145	144	143	142	141	140	139	138	137	136
121	122	123	124	125	126	127	128	129	130	131	132	133	134	135
120	119	118	117	116	115	114	113	112	111	110	109	108	107	106
91	92	93	94	95	96	97	98	99	100	101	102	103	104	105
90	89	88	87	86	85	84	83	82	81	80	79	78	77	76
61	62	63	64	65	66	67	68	69	70	71	72	73	74	75
60	59	58	57	56	55	54	53	52	51	50	49	48	47	46
31	32	33	34	35	36	37	38	39	40	41	42	43	44	45
30	29	28	27	26	25	24	23	22	21	20	19	18	17	16
1	2	3	4	5	6	7	8	9	10	11	12	13	14	15

2.5（3行）

77（14个花片）

2.5（3行）

（3行）2.5　82.5（15个花片）　2.5（3行）

毯子边缘编织

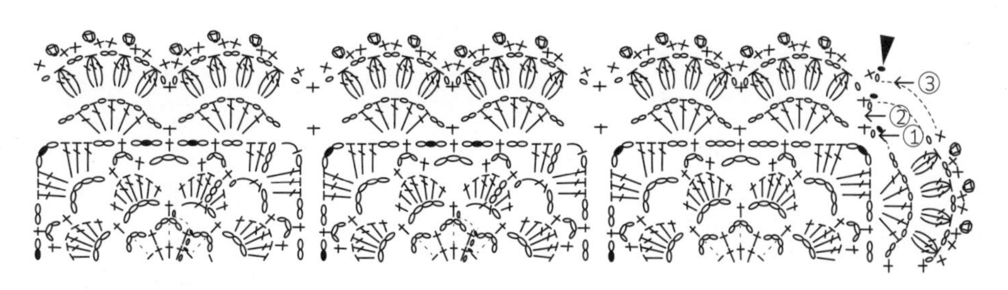

花片连接图

☆重复钩织这两排花片，直到完成210号花片

210 209 208 207 198 197 196

31 32 33 34 43 44 45

30 29 28 27 18 17 16

1 2 3 4 13 14 15

02 – 三角大披肩

P.08

材料

意大利 Sesia 羊驼羊毛 207 色 238 克

工具

钩针 6/0 号

成品尺寸

长 153 cm，侧边长 119 cm

编织密度

花片 A：11.5 cm × 11.5 cm

花片 B：11.5 cm × 11.5 cm

编织要点

1. 按花片序号 1~45 不断线连续编织，具体详见花片连接图 1~ 图 3。
2. 注意 9、10、24、25、35、36、42、43、45 为花片 B，其余为花片 A。

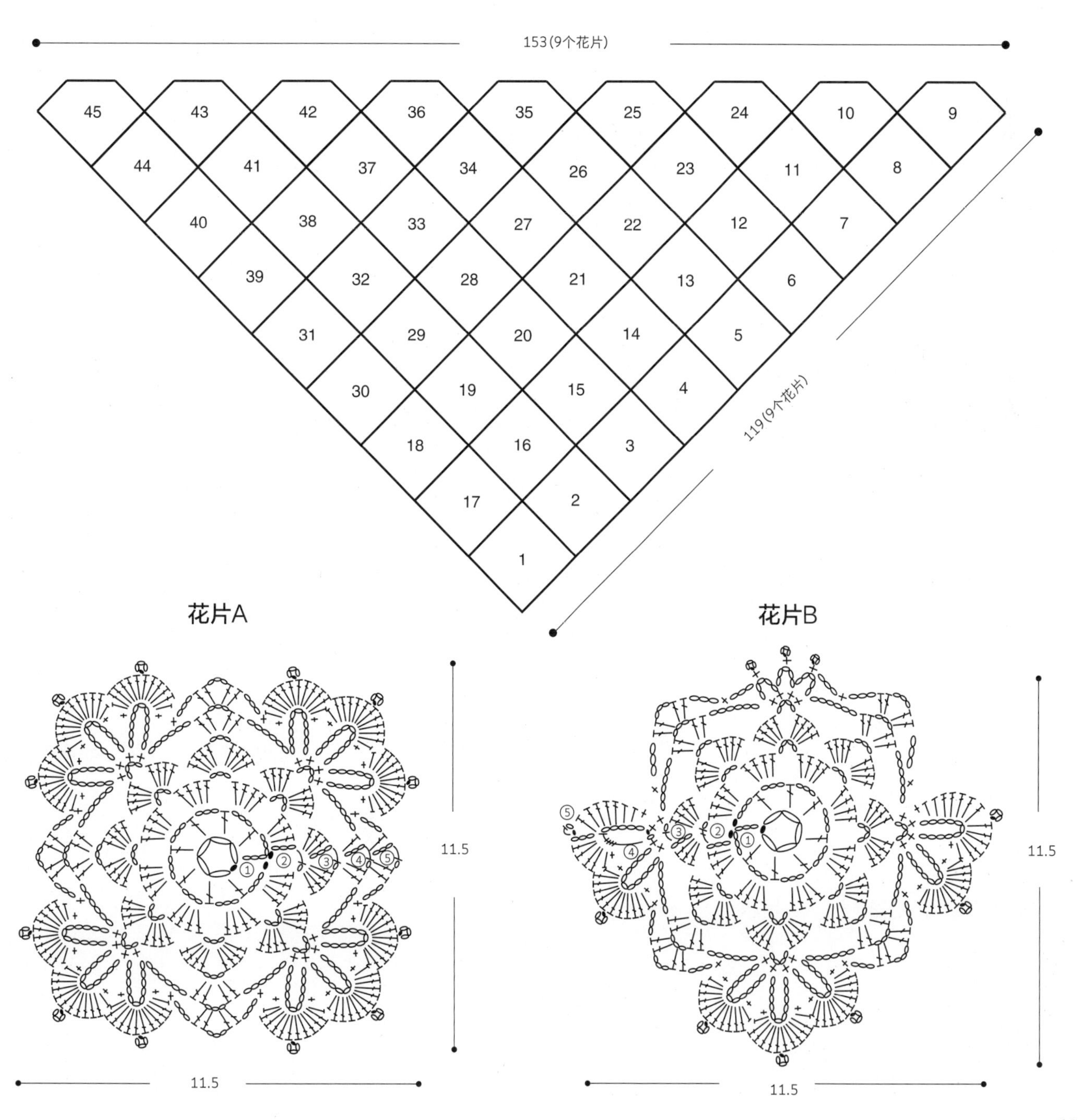

☆花片21、22同
花片20,后接图2
图1 花片连接一
☆
花片4~6同花
片3,后接图2
18
19
20
17
16
15
1
2
3

图2　花片连接二

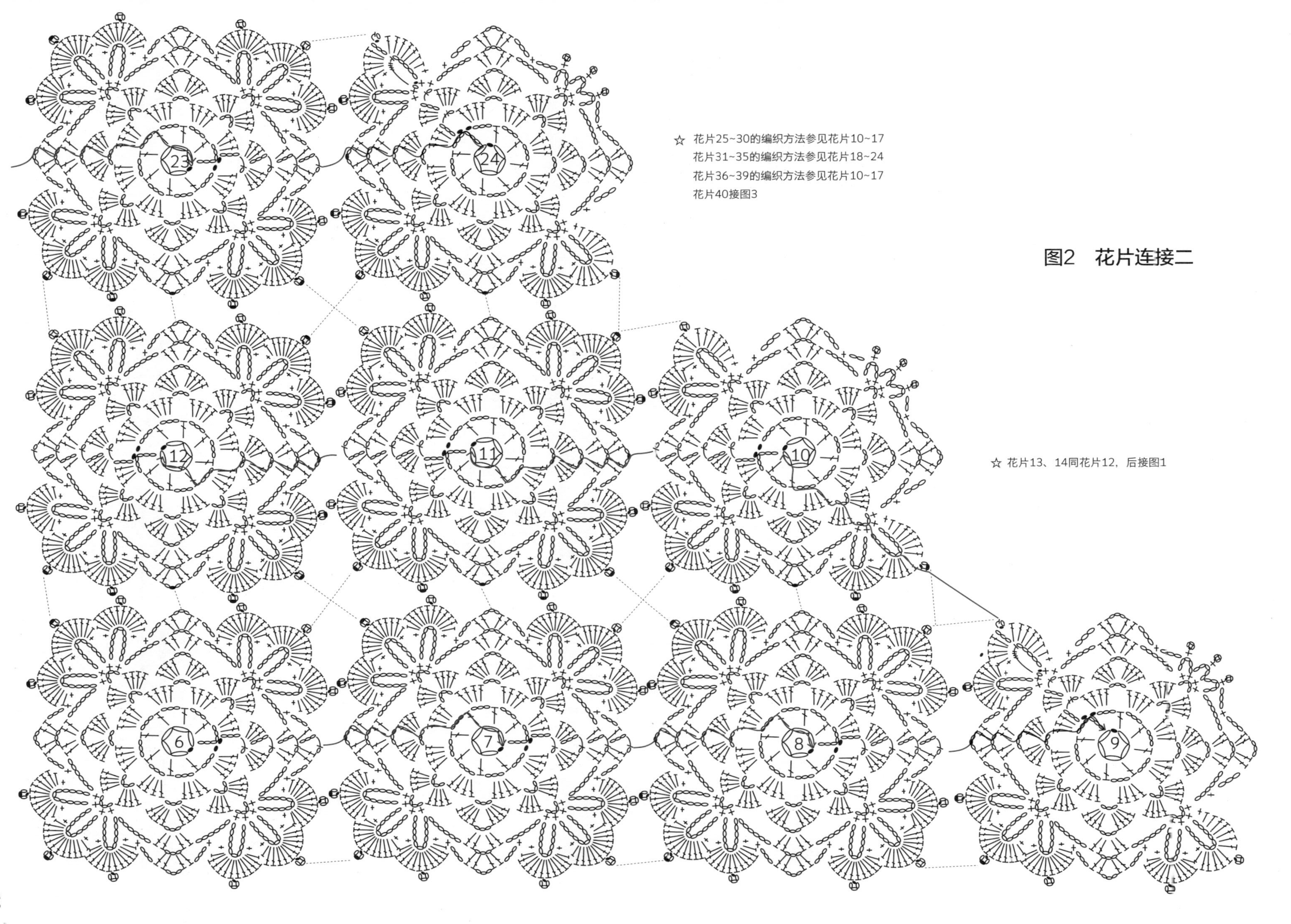

☆ 花片25~30的编织方法参见花片10~17
花片31~35的编织方法参见花片18~24
花片36~39的编织方法参见花片10~17
花片40接图3

☆ 花片13、14同花片12，后接图1

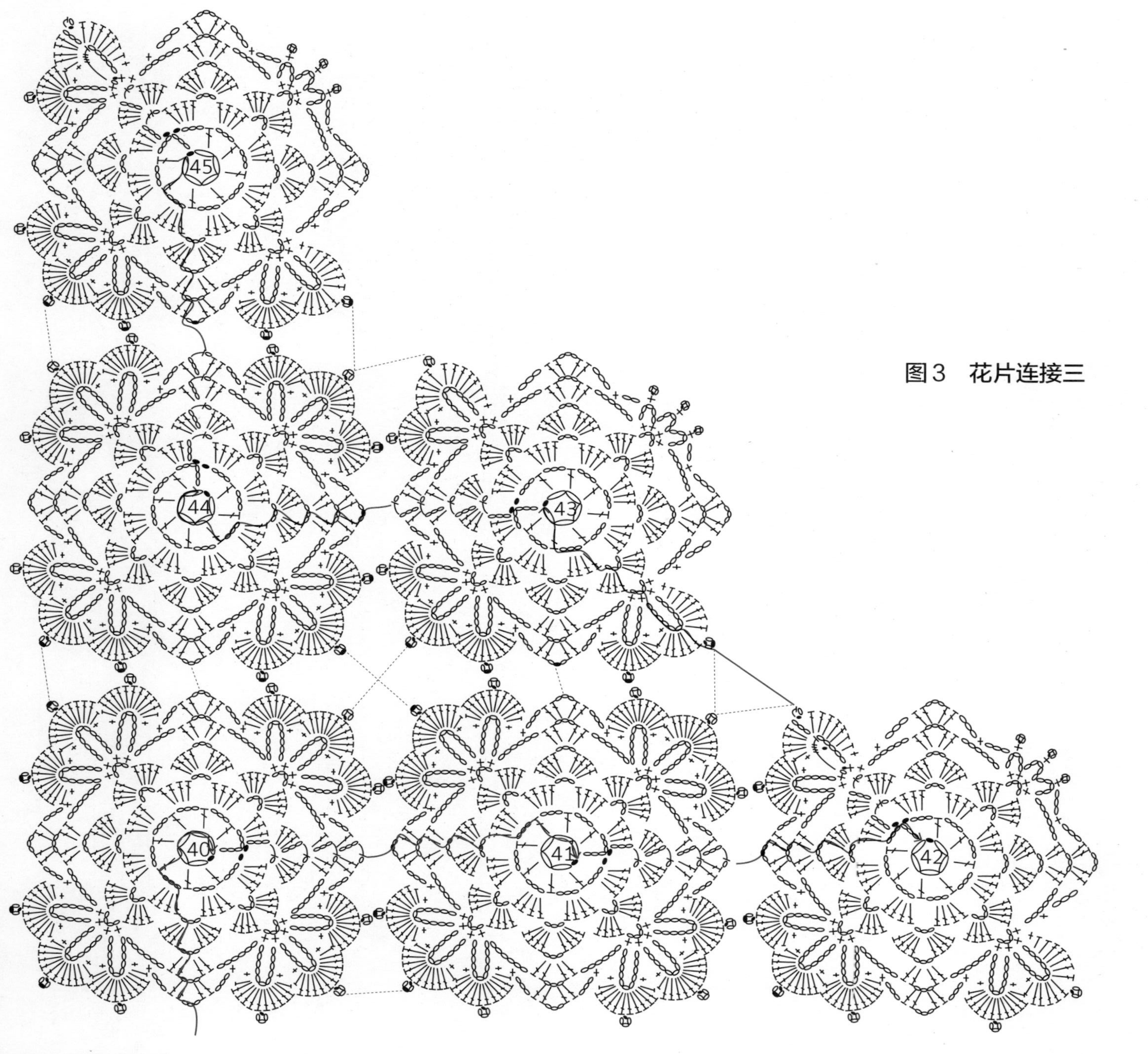

图3 花片连接三

03 – 晚礼服小外套

P.10

材料

瑞士 Lang 金葱羊毛线 275 克

工具

钩针 5/0 号，棒针 4 号

成品尺寸

宽 63 cm，长 68 cm

编织密度

花样 A：10 cm × 10 cm 面积内 27 针 36 行

花片：7.5 cm × 7.5 cm

编织要点

1. 先完成棒针编织花样 A 部分，详见棒针花样 A-1，棒针花样 A-2。
2. 按花片序号不断线连续钩织，详见花片连接图，完成钩针织片。
3. 把钩针织片和棒针织片按☆与☆，★与★作连接，连接方法参见钩针织片与棒针连接图。
4. 棒针织片部分作为后片，花片部分作为前片和袖子。

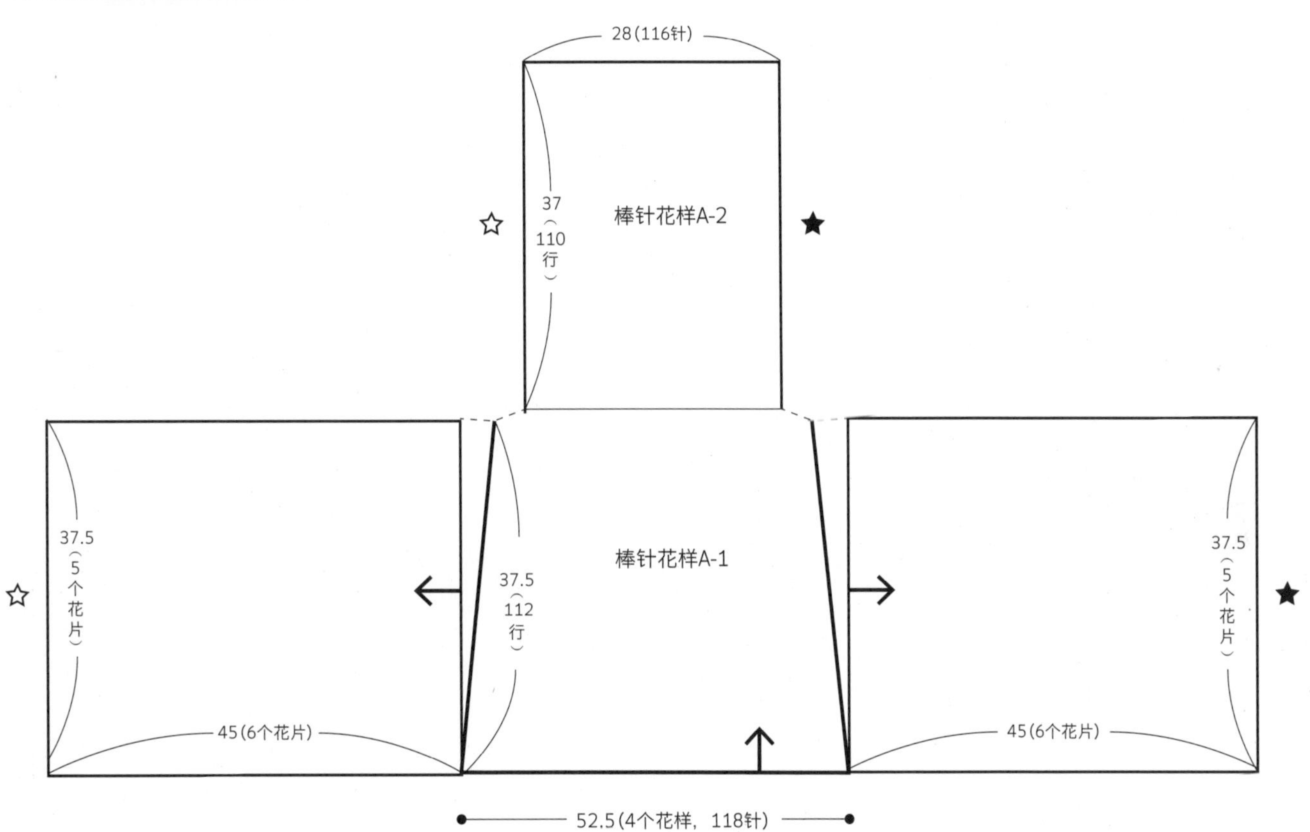

花片排列图

30	29	28	27	26
21	22	23	24	25
20	19	18	17	16
11	12	13	14	15
10	9	8	7	6
1	2	3	4	5

花片

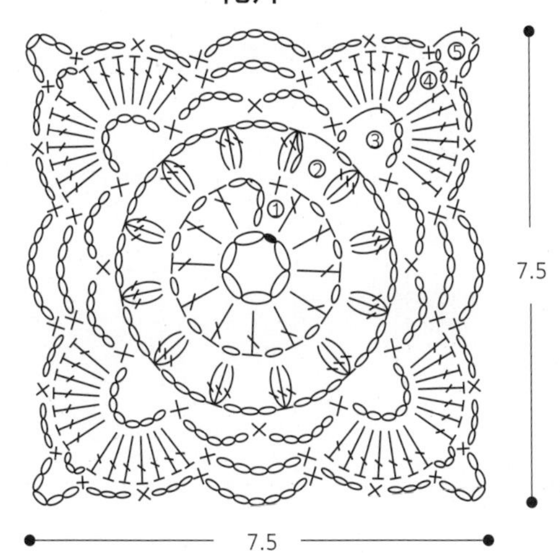

棒针花样A-1

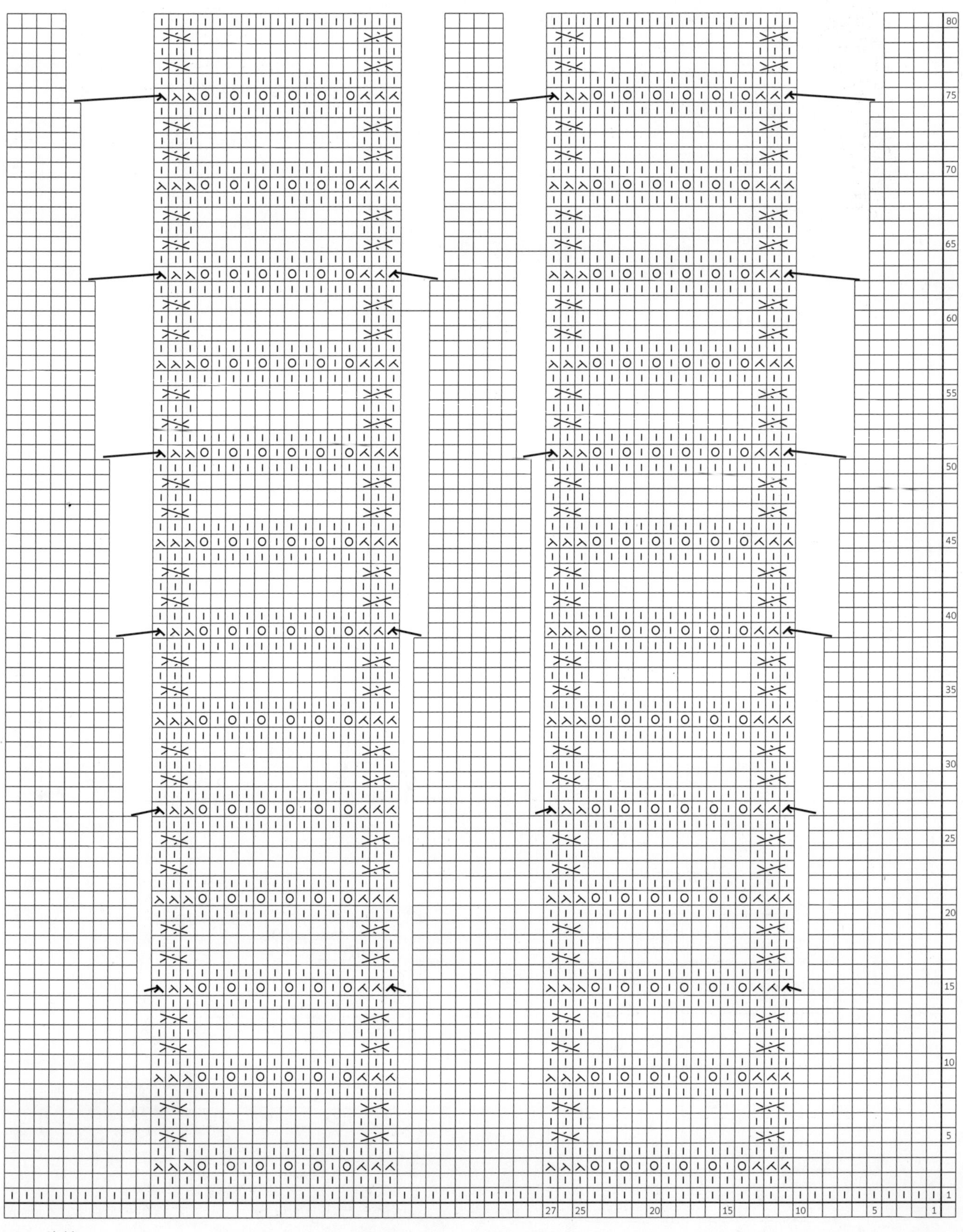

□=⊟ 上针

棒针花样A-2

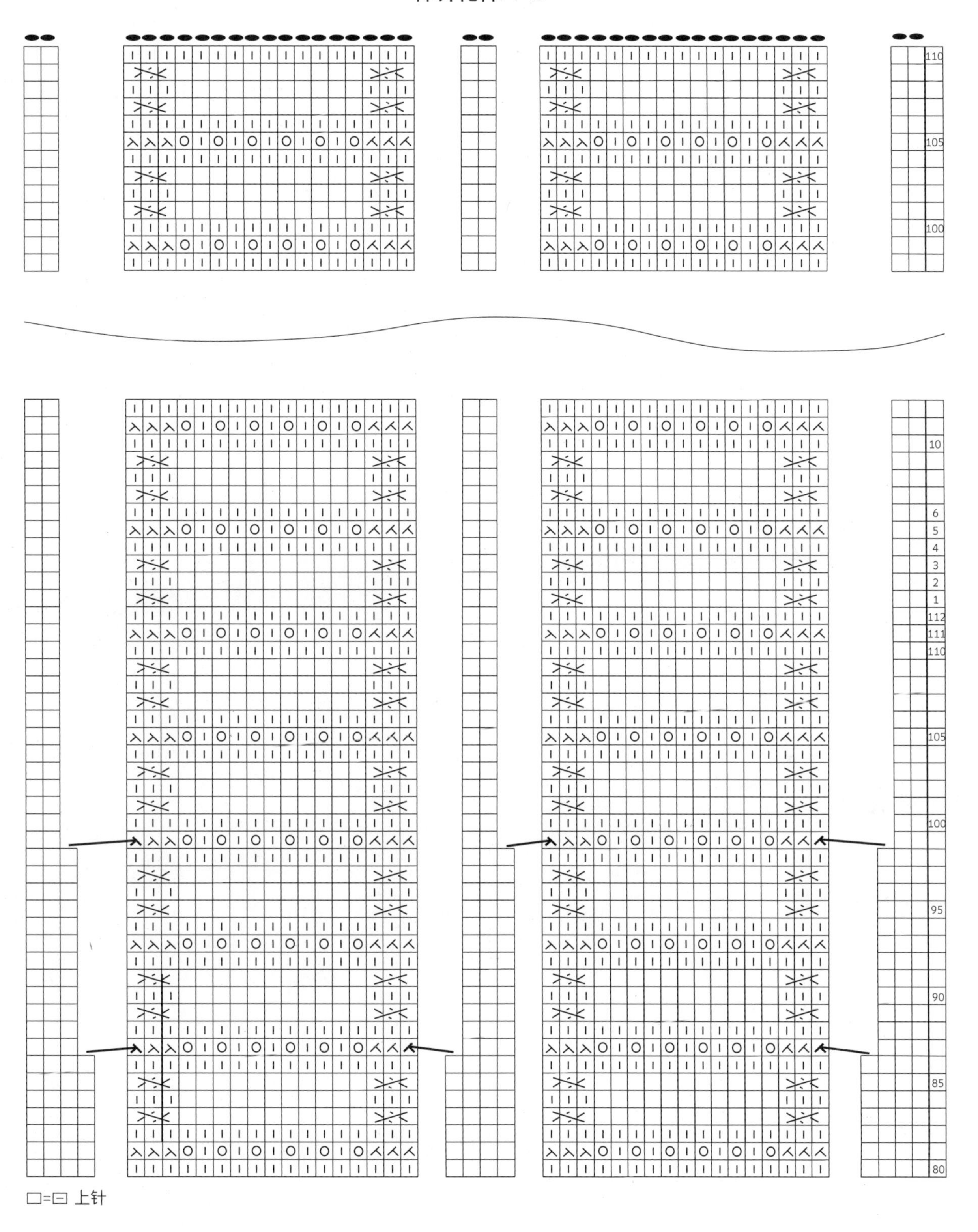

□=⊟ 上针

钩针织片与棒针织片的连接图

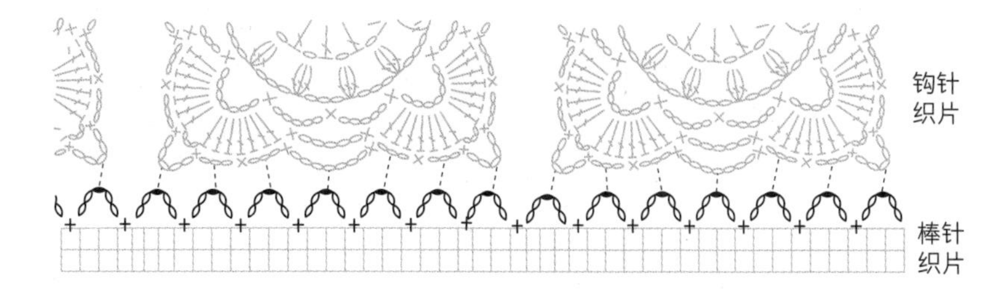

花片连接图

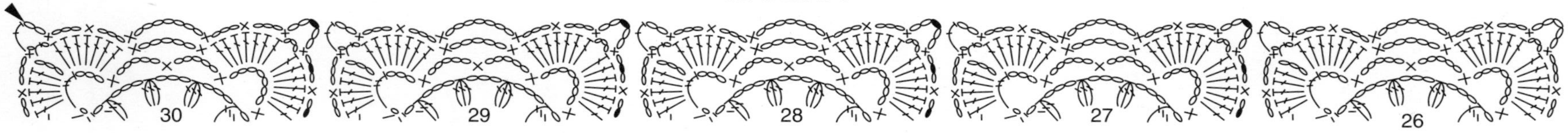

30 29 28 27 26

☆ 花片16~20、26~30同花片6~10，花片21~25同花片11~15的编织方法

11 12 13 14 15

10 9 8 7 6

1 2 3 4 5

04 – 晚礼服手拿包

P.10

材料

瑞士 lang 金葱羊毛线 63 克

直径 2 cm 塑料扣子 1 枚

工具

钩针 5/0 号

成品尺寸

宽 22.5 cm，高 16 cm

编织密度

花片：7.5 cm × 7.5 cm

编织要点

1. 按花片序号作不断线连续钩编，注意花片 6 与花片 1 连接，花片 12 与花片 7 连接，完成花片圈钩。
2. 继续不断线从花片挑取 102 针（每个花片挑钩 17 针短针）编织 4 行后，继续翻盖花样钩编 14 行，注意两侧减针，完成后断线。
3. 接新线钩包包翻盖的边缘编织。
4. 钩织 1 枚扣子（塑料扣子包在里面）。
5. 钩织 1 条流苏。把流苏缝在扣子背面，再把扣子缝在包包翻盖正面，作为装饰。
6. 用针线将翻盖两端与包包前面的短针缘边略作固定。

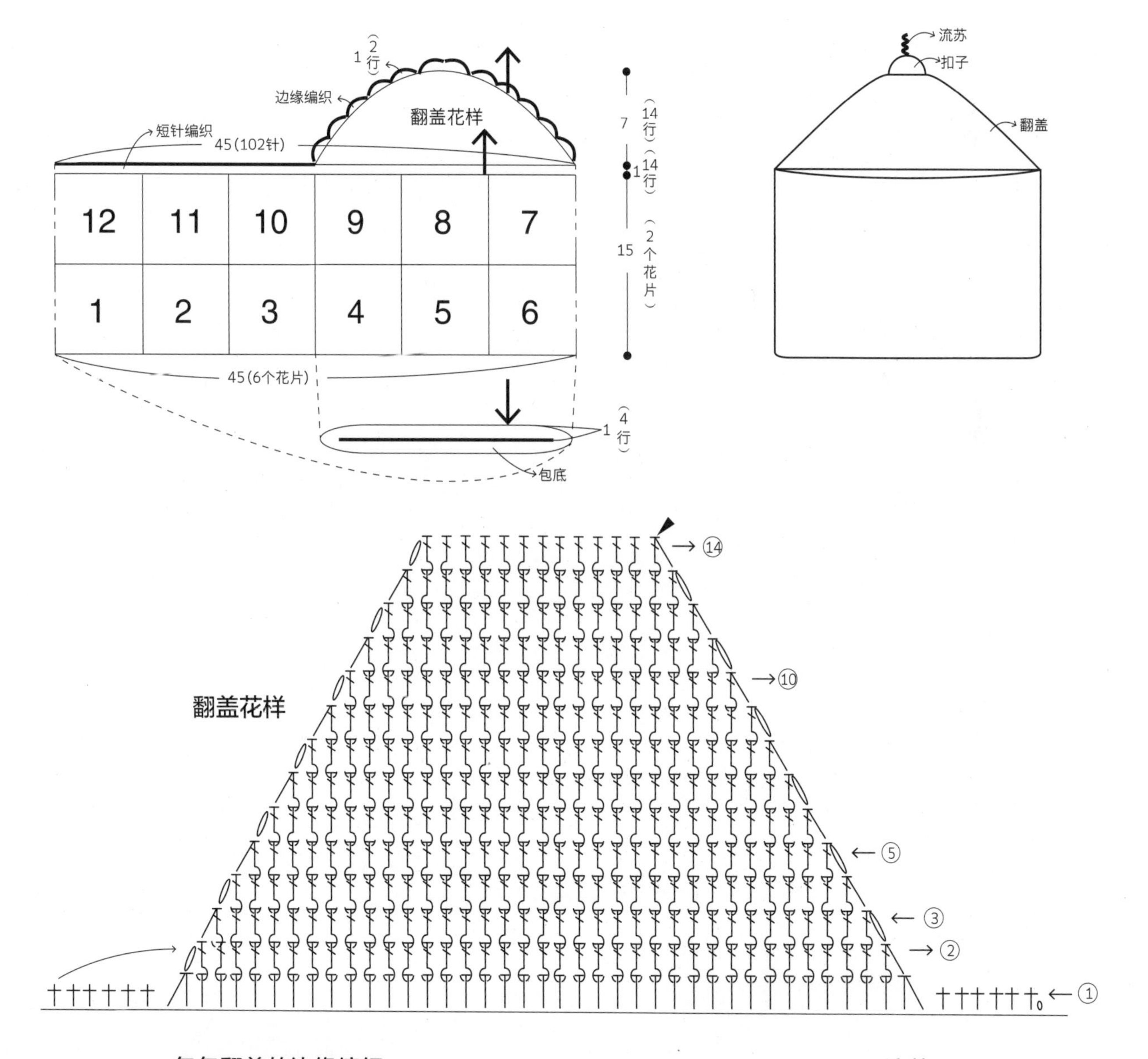

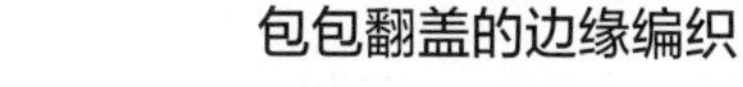

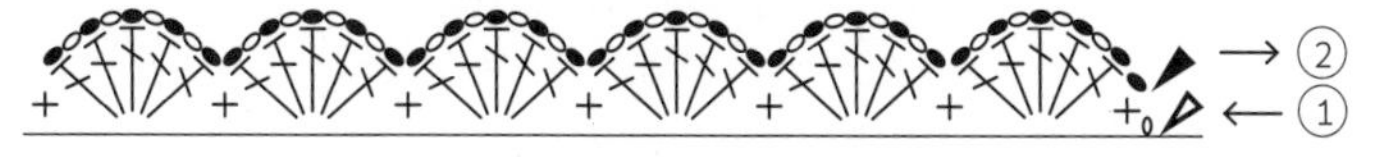

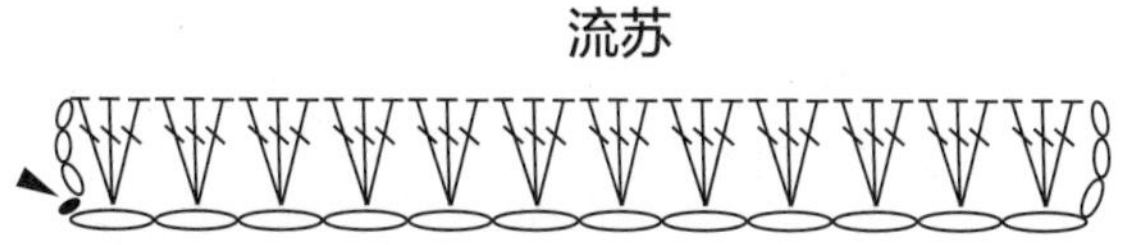

花片连接图

☆ 花片4同花片3，花片9同花片8的编织方法

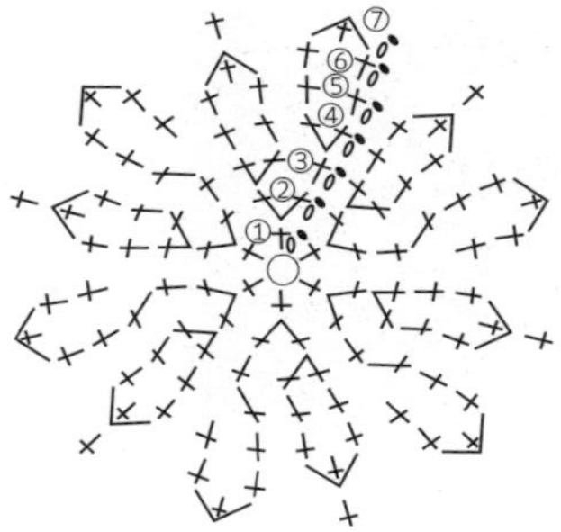

扣子

05 – 凤尾披肩

P.12

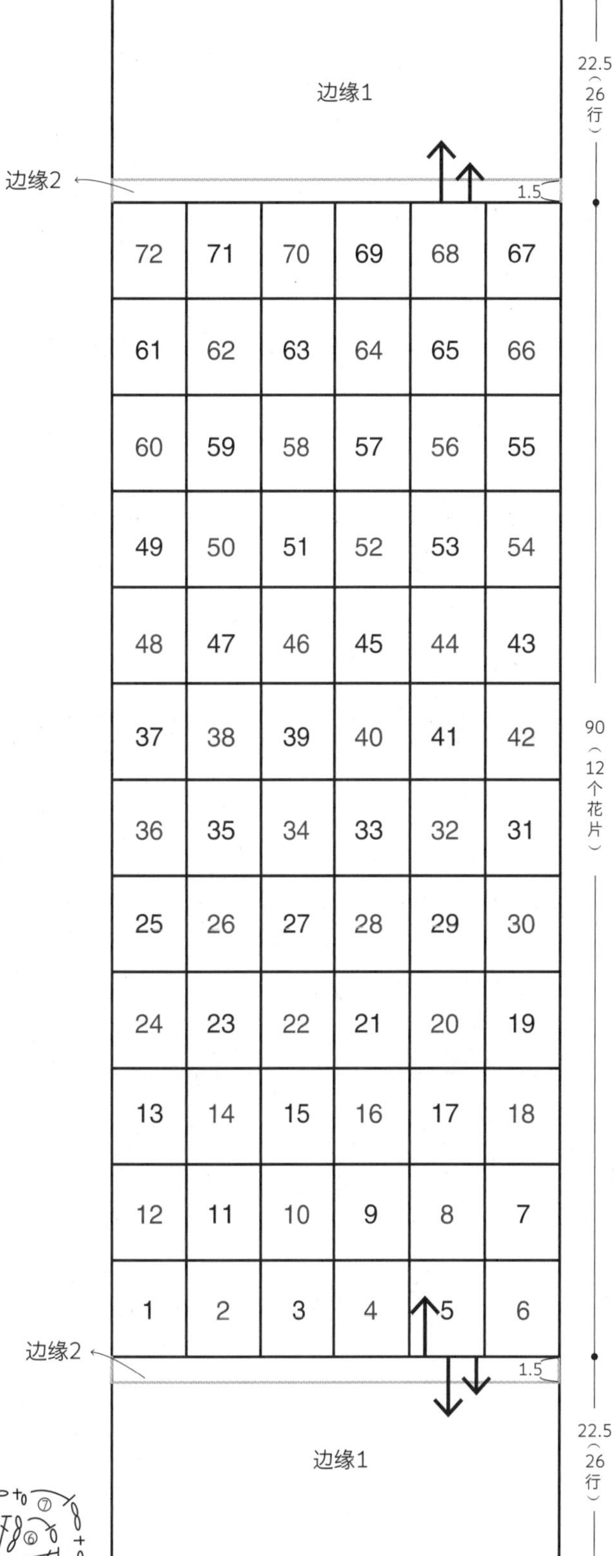

42

1、3、5……黑色字表示花片A
2、4、6……红色字表示花片B

材料
回归线知音紫藤 150 克，回归线马海毛 1 球
直径 3 mm 珠子 226 颗

工具
钩针 5/0 号

成品尺寸
宽度 42 cm，长度 135 cm

编织密度
花片：7.5 cm × 7.5 cm

编织要点
1. 先用整花一线连方法完成主体部分 72 个花片的编织，注意 A、B 花片的交错排列，详见花片连接图。
2. 用马海毛编织两端的边缘 1，最后一行编织时加入珠子，详见边缘 1 编织图。
3. 边缘 2 编织时也是从花片入针，详见边缘 2 编织图，最后一行也要加入珠子。边缘 2 是叠盖在边缘 1 上的。

花片A

7.5

花片B

7.5

7.5

花片连接图

重复编织

67 68 69 70 71 72

66 65 64 63 62 61

19 20 21 22 23 24

18 17 16 15 14 13

7 8 9 10 11 12

6 5 4 3 2 1

边缘1编织图

○ ⬭ =3mm珠子

边缘2编织图

06 – 祖母方块与棒针结合的长袖毛衣

P.14

材料

Olympus 马海圈圈绒 387 克

工具

棒针 9 号，钩针 6/0

成品尺寸

胸围 128 cm，衣长 55.5 cm

编织密度

上针编织：10 cm × 10 cm 面积内 18 针 27 行

花片：6.5 cm × 6.5 cm

编织要点：

1. 前、后身片用棒针上针编织，完成后胁边用缝针作行对行的缝合，肩部用盖针钉缝结合。
2. 钩针花样 A 从后身片右侧开始钩织，圈钩。钩织完 3 行后，不断线继续钩织祖母方块，详见图 1。
3. 完成下摆 41 个祖母方块后，继续完成下摆边缘编织。
4. 袖子用整花一线连不断线钩织，注意袖口的开衩，详见图 2。身片的袖子位置圈钩 60 针短针。袖子花片最后一圈，边钩边与短针行作连接，完成袖子。
5. 领子挑取指定针目，环形钩织领口边缘编织。

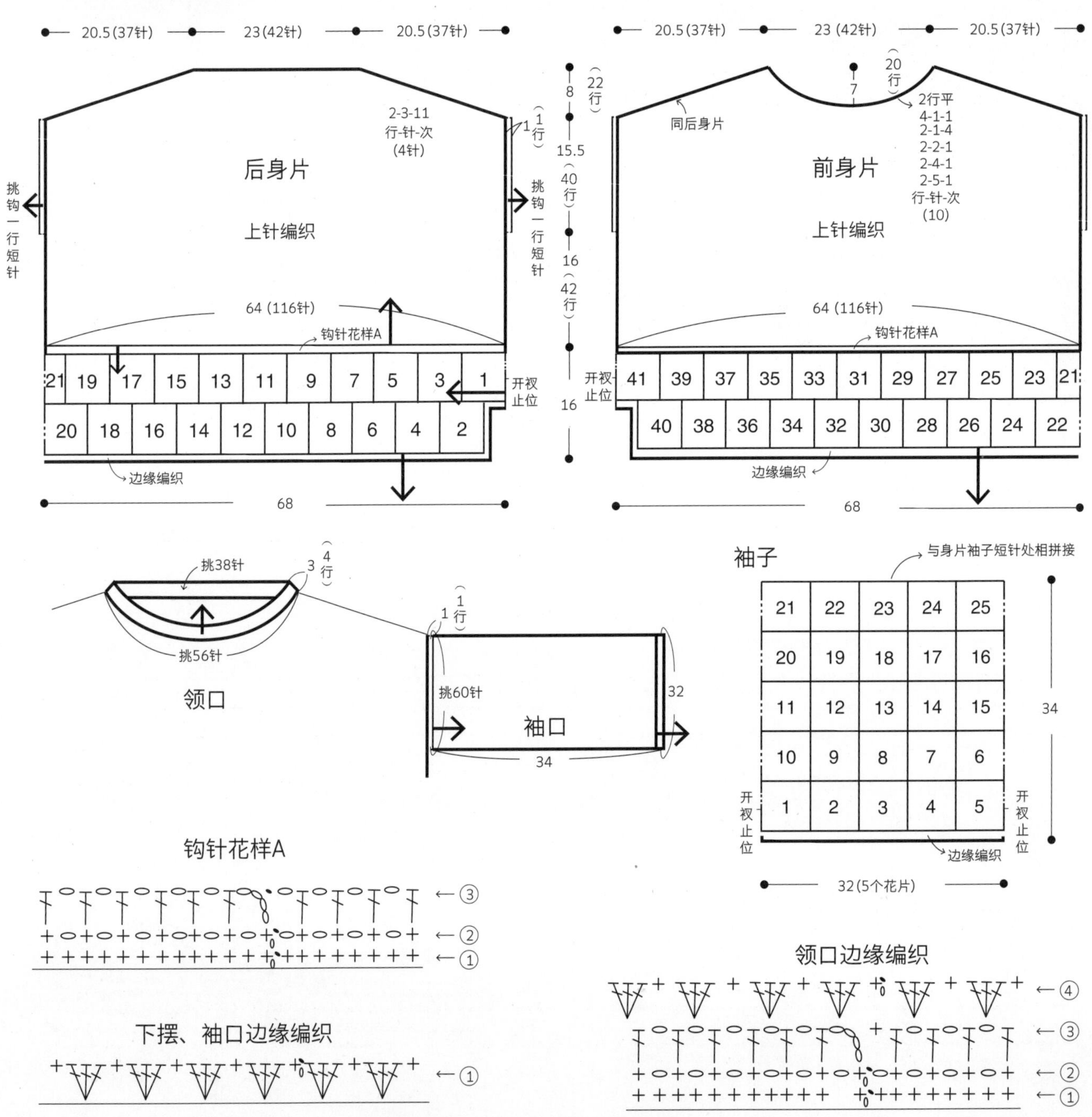

图1 前、后身片下摆花片连接

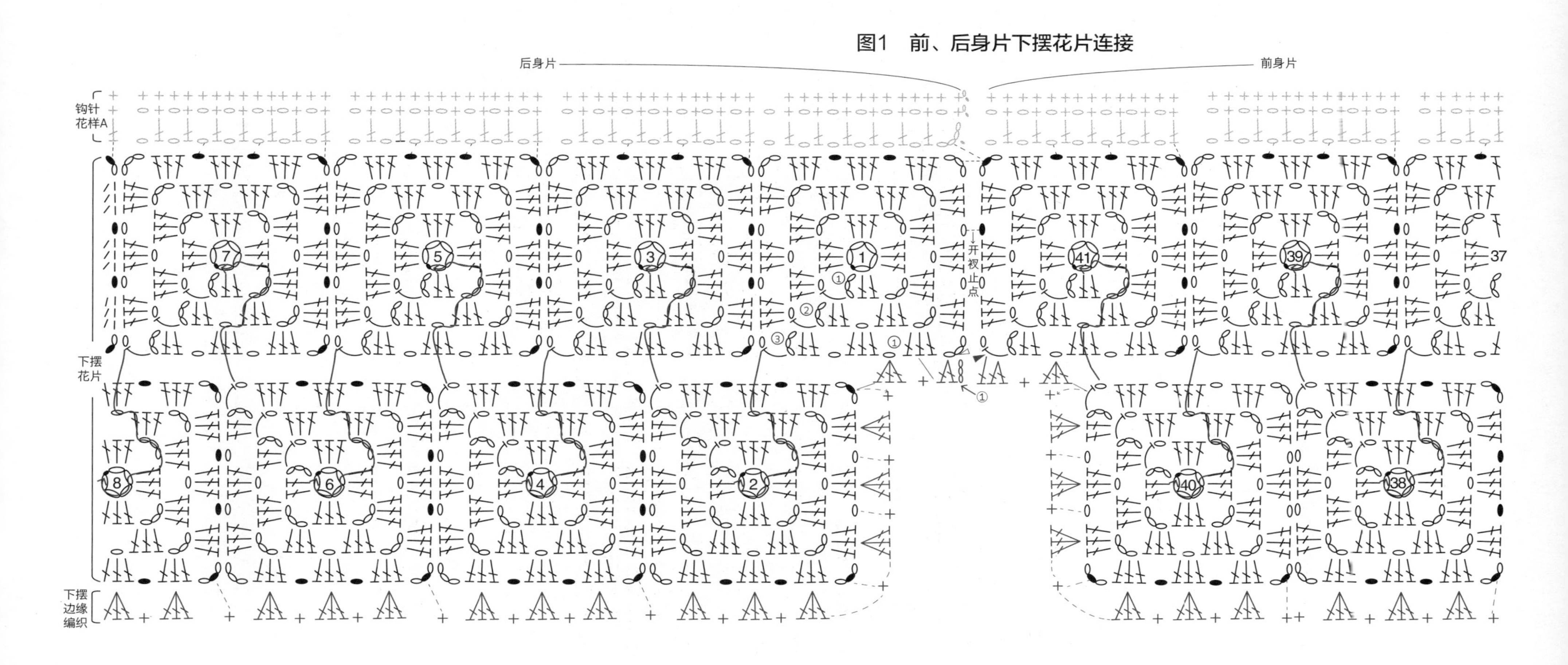

图 2 袖子花片连接

07 – 祖母方块与七宝针结合的前后两穿毛衣

P.16

材料

嫩兮专用意大利羊驼蕾丝 262 克

工具

钩针 4/0 号

成品尺寸

胸围 105 cm，衣长 56 cm

编织密度

花样 A：10 cm × 10 cm 面积内 36 针 17.5 行

花片：7.5 cm × 7.5 cm

编织要点

1. 后身片主体花片整花不断线编织（详见图 1），完成 42 个花片后，往下钩织花样 B 14 行。
2. 前身片往上钩织花样 A 54 行，接着开领子（详见图 2、图 3），完成最后一行后，用 2 锁针 1 引拔 2 锁针 1 短针的方法，将两个衣片合肩。前身片下摆挑钩 169 个短针，按下摆花样继续钩织，完成前身片。
3. 把两个衣片开袖止位到开衩止位之间的部分连接起来。
4. 袖子挑钩 240 针短针，按袖子花样编织，注意袖下减针。
5. 领子按图示挑针，完成领子边缘编织。

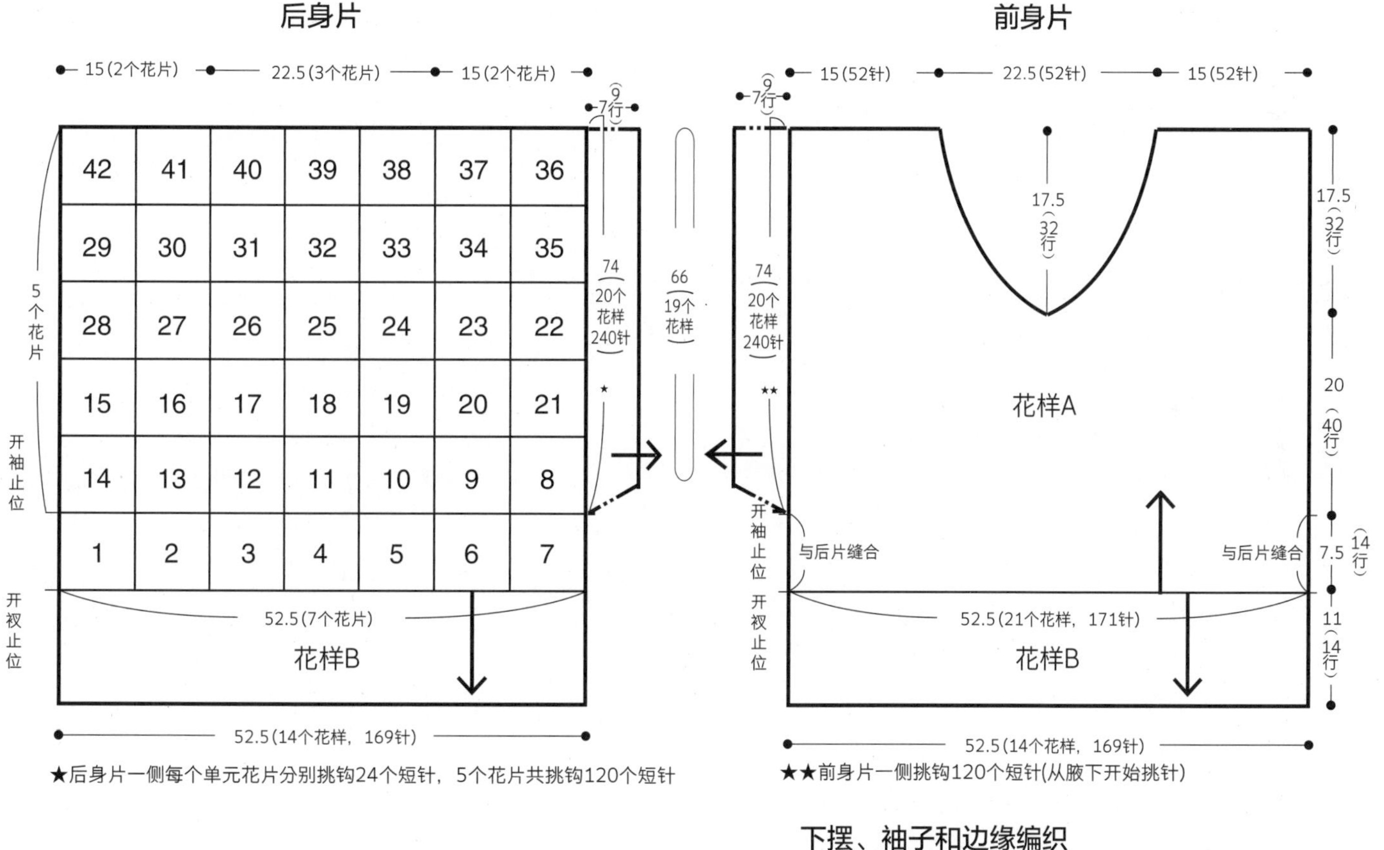

★后身片一侧每个单元花片分别挑钩24个短针，5个花片共挑钩120个短针

★★前身片一侧挑钩120个短针(从腋下开始挑针)

领子

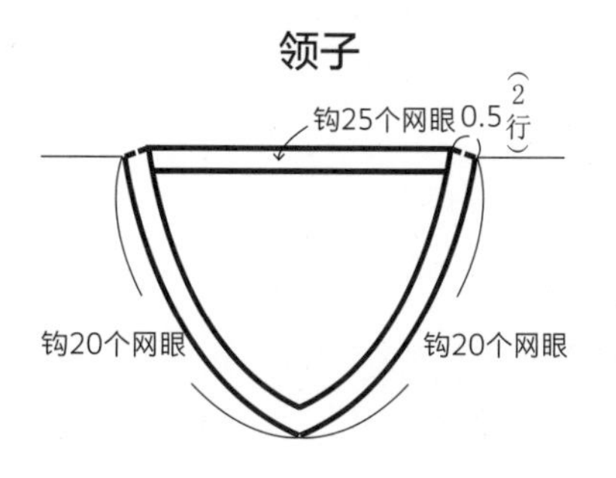

下摆、袖子和边缘编织

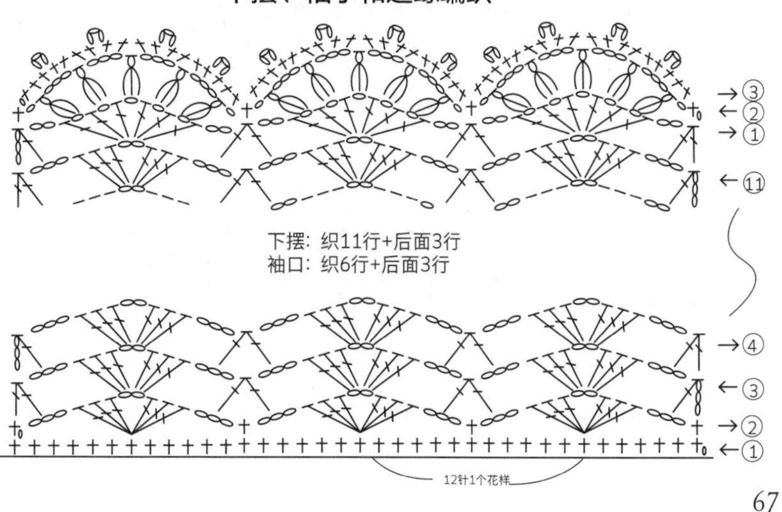

图 1 后身片花片连接图及花样B

重复第二排和第三排花片直至完成42个花片

15 16 17 21

14 13 12 8

1 2 3 7

①→ ②← ③→ ④←

花样B

图2 V领左前片

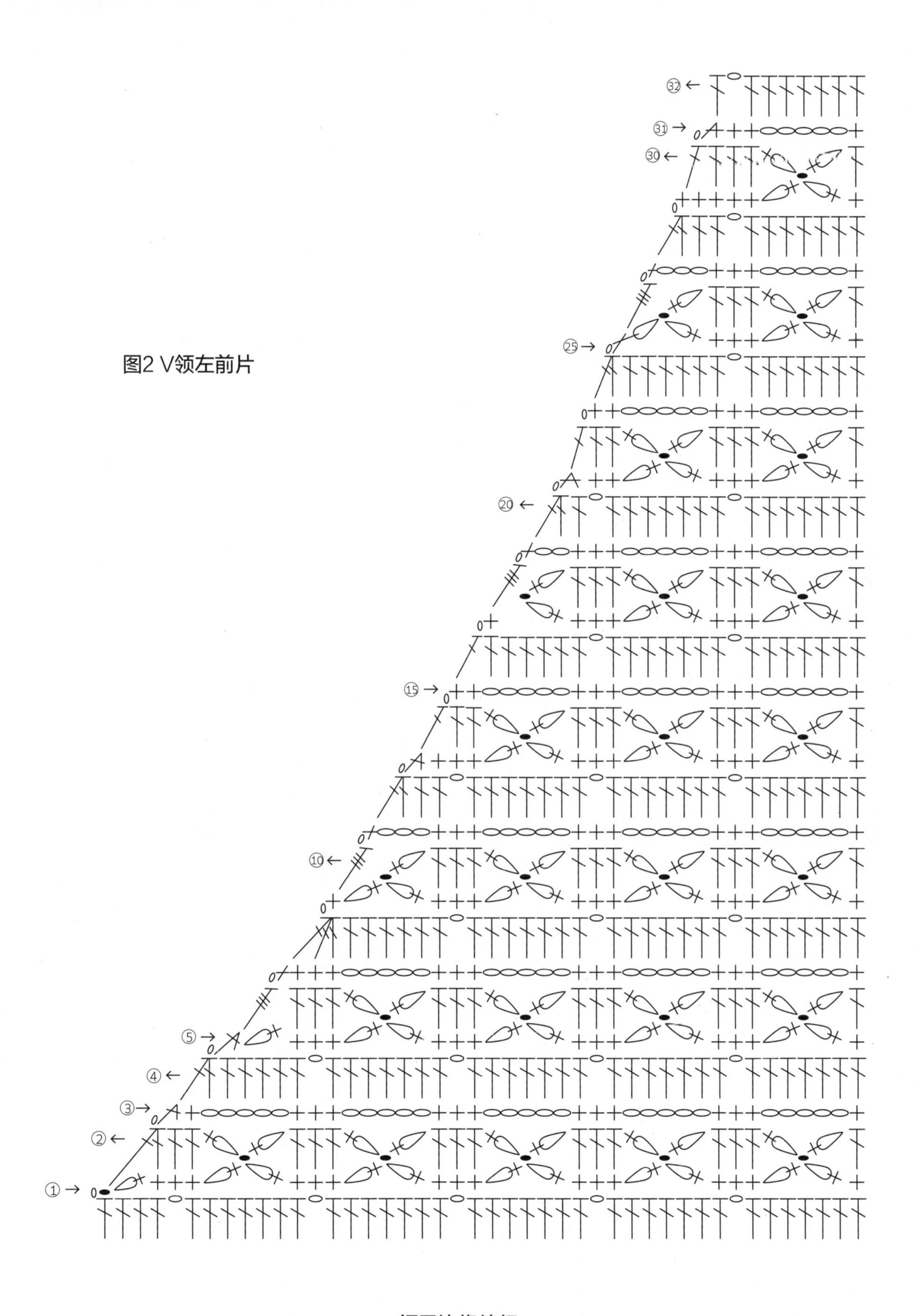

领子边缘编织

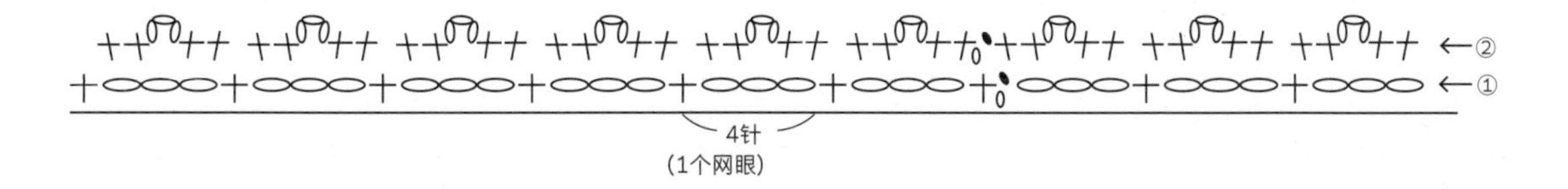

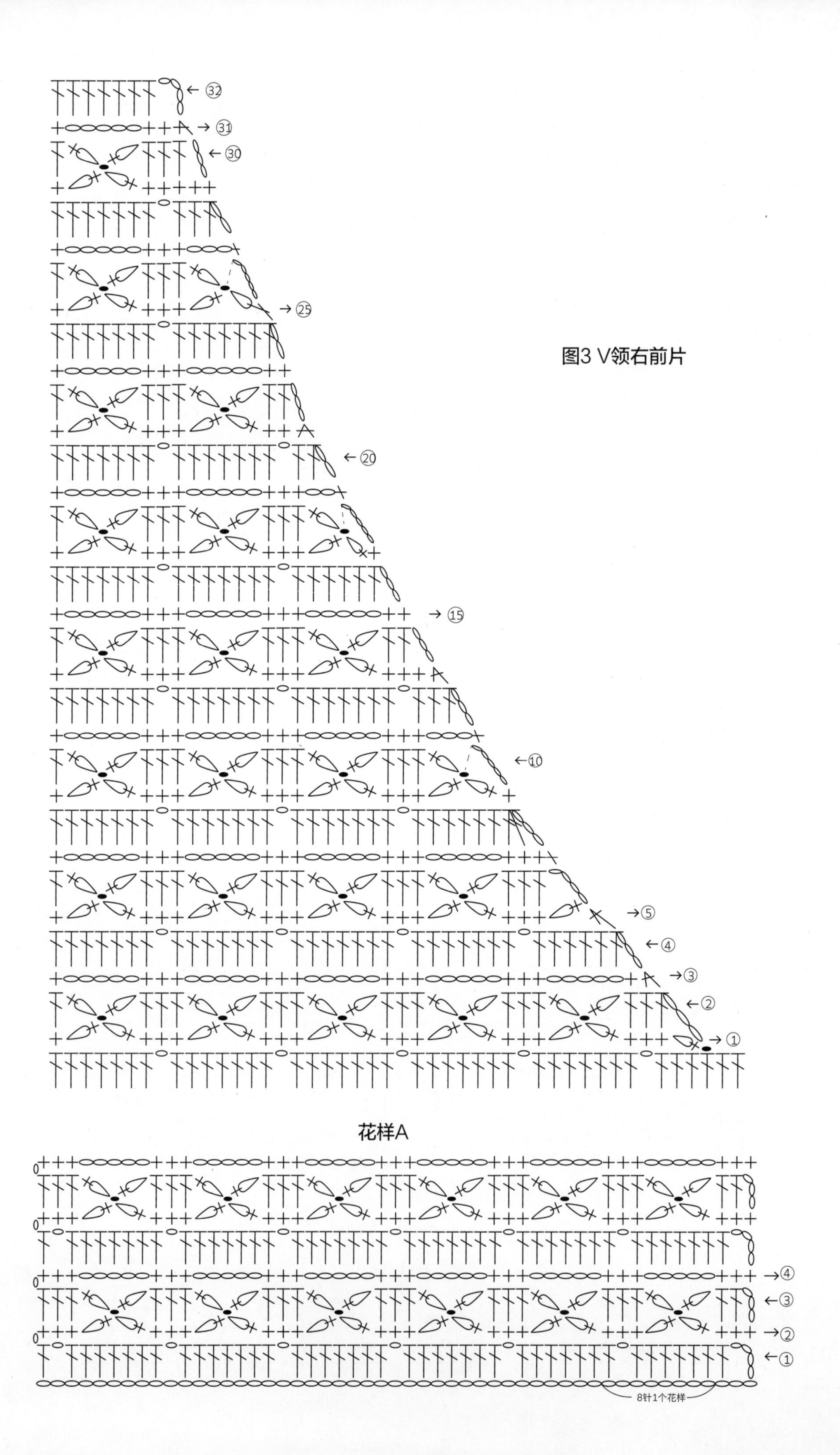

图3 V领右前片
花样A
8针1个花样
32
31
30
25
20
15
10
5
4
3
2
1

08 – 嵌入中国结花片的泡泡袖上衣

P.18

材料

Olympus Emmy Grande160 号色 426 克

直径 10 mm 扣子 1 颗

工具

钩针 2/0 号

成品尺寸

胸围 110，衣长 54 cm

编织密度

花样 A：10 cm × 10 cm 面积内 38 针 29 行

花样 B：10 cm × 10 cm 面积内 27 针 16 行

花片：5.5 cm × 5.5 cm

编织要点

1. 前、后身片左右两侧分别编织到 75 行，在第 76 行合拢，再往上编织 1 行，一共编织 77 行。按图 1、图 2 加出连肩袖，继续按图编织，斜肩部分详见图 3、图 4。
2. 阶梯花片用整花一线连的方法，详见图 5、图 6，两侧花片最外一圈，边钩边与前身片作连接，每个花片连接身片 15 行。
3. 钩 2 条 6 个花片的长方形，详见图 7，花片最外圈边钩边与前、后身片拼接，身片拼 5 个花片；第 6 个花片与连肩袖袖下加出来的部分作拼接，作为袖宽的一部分。
4. 合肩，编织领口边缘。
5. 挑针完成袖子和袖口的编织。
6. 挑针完成下摆的编织。

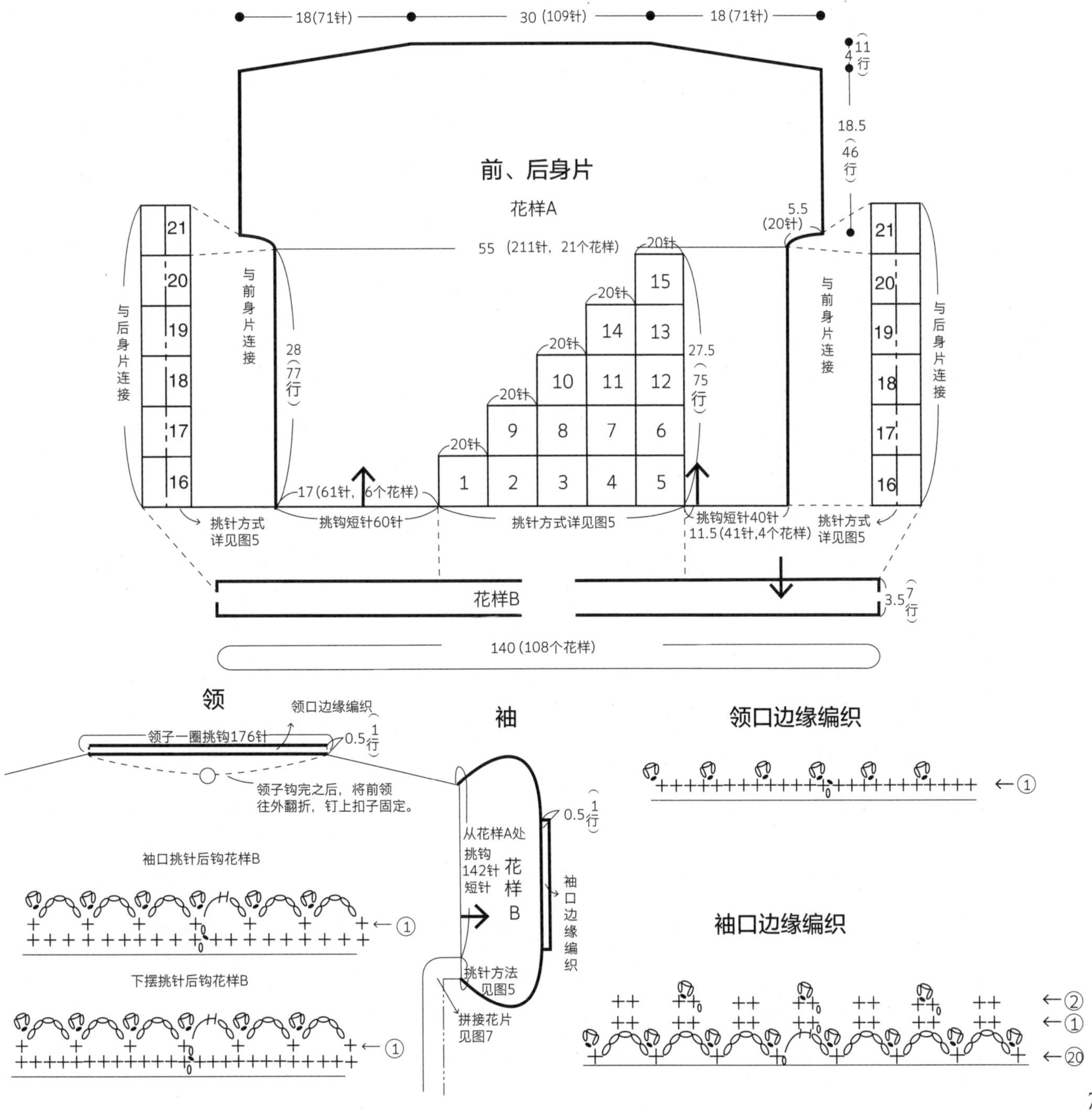

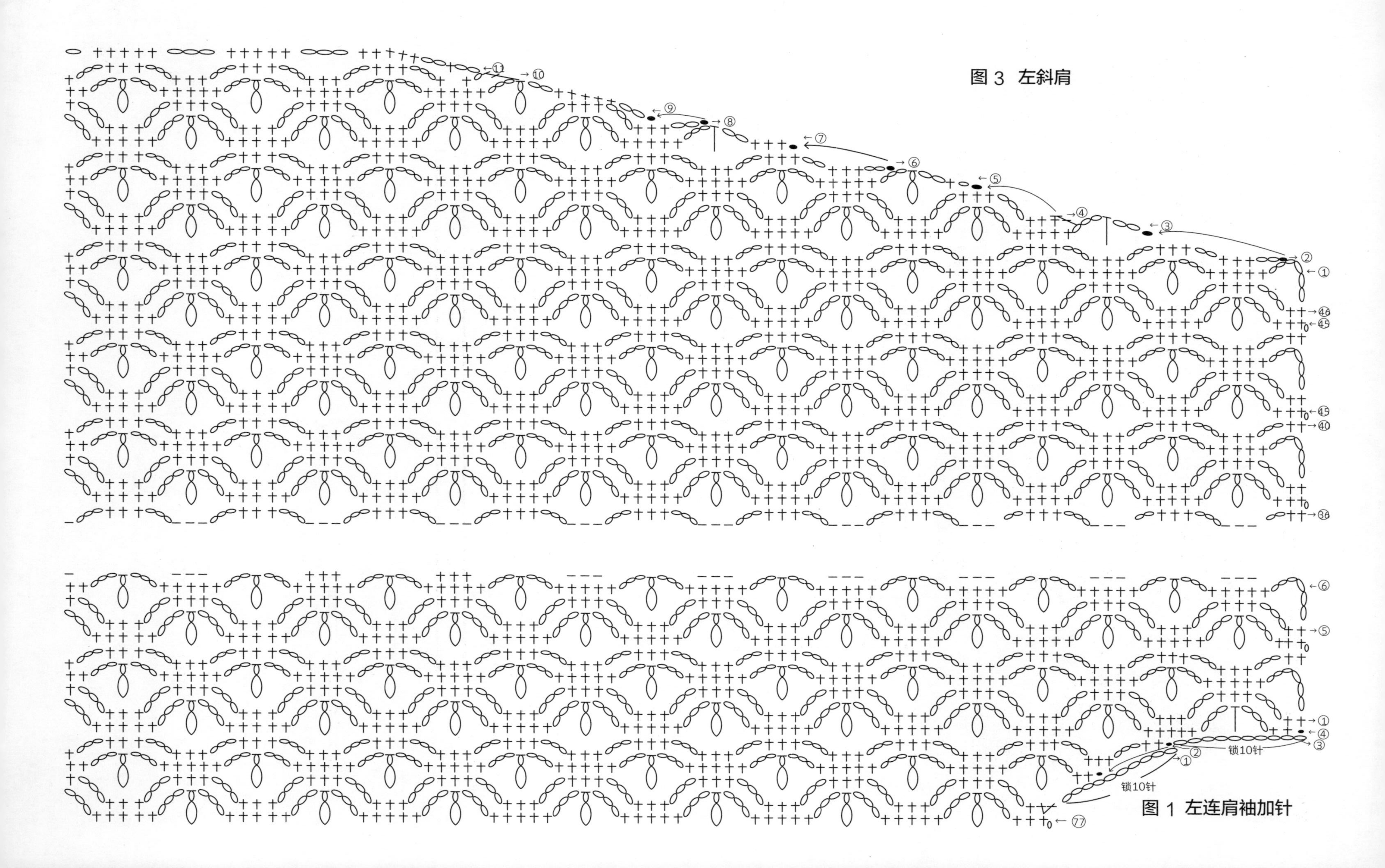
图 3 左斜肩
锁10针
锁10针
图 1 左连肩袖加针

图4 右斜肩

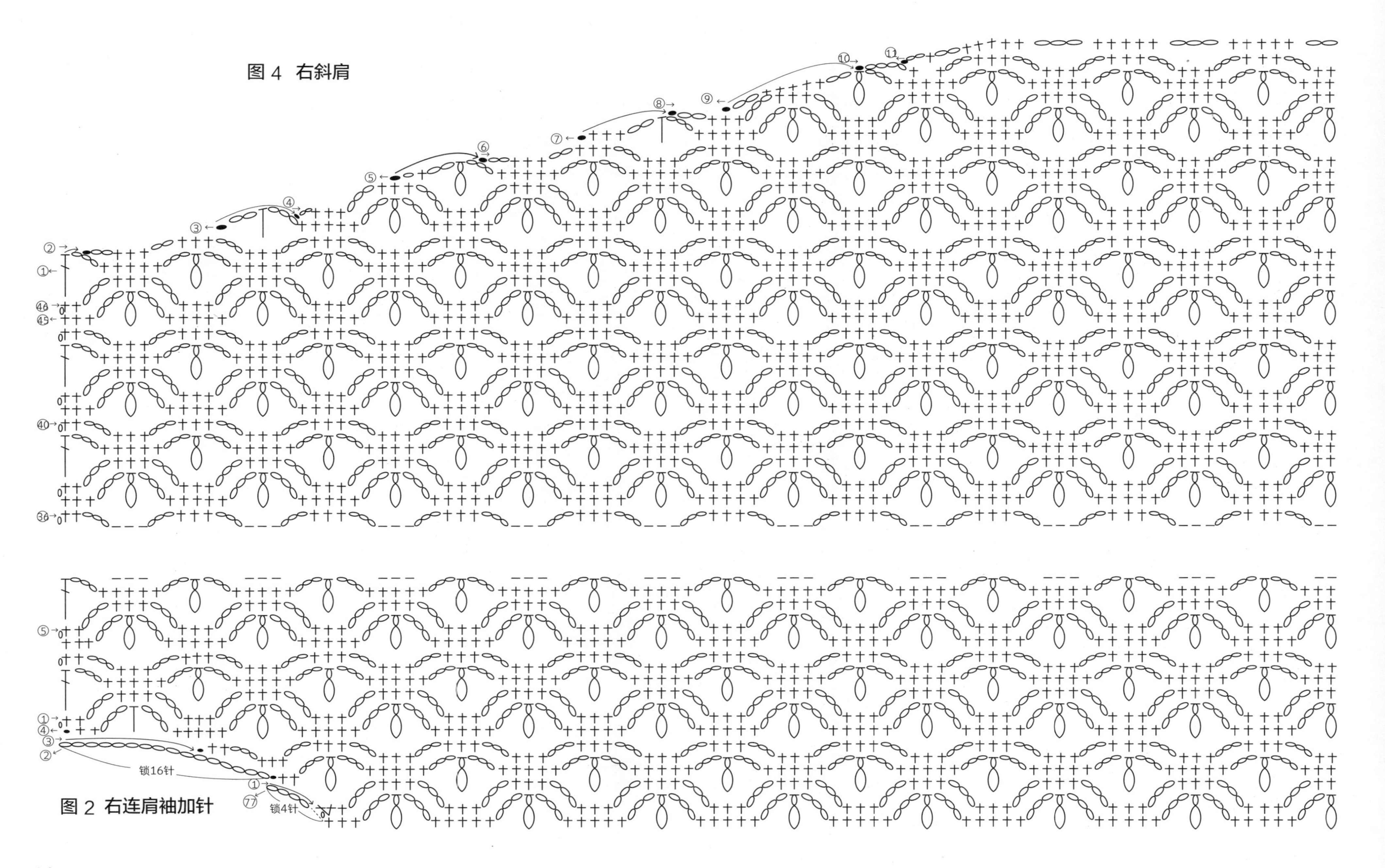

图2 右连肩袖加针

图 5 前、后身片阶梯花片连接一

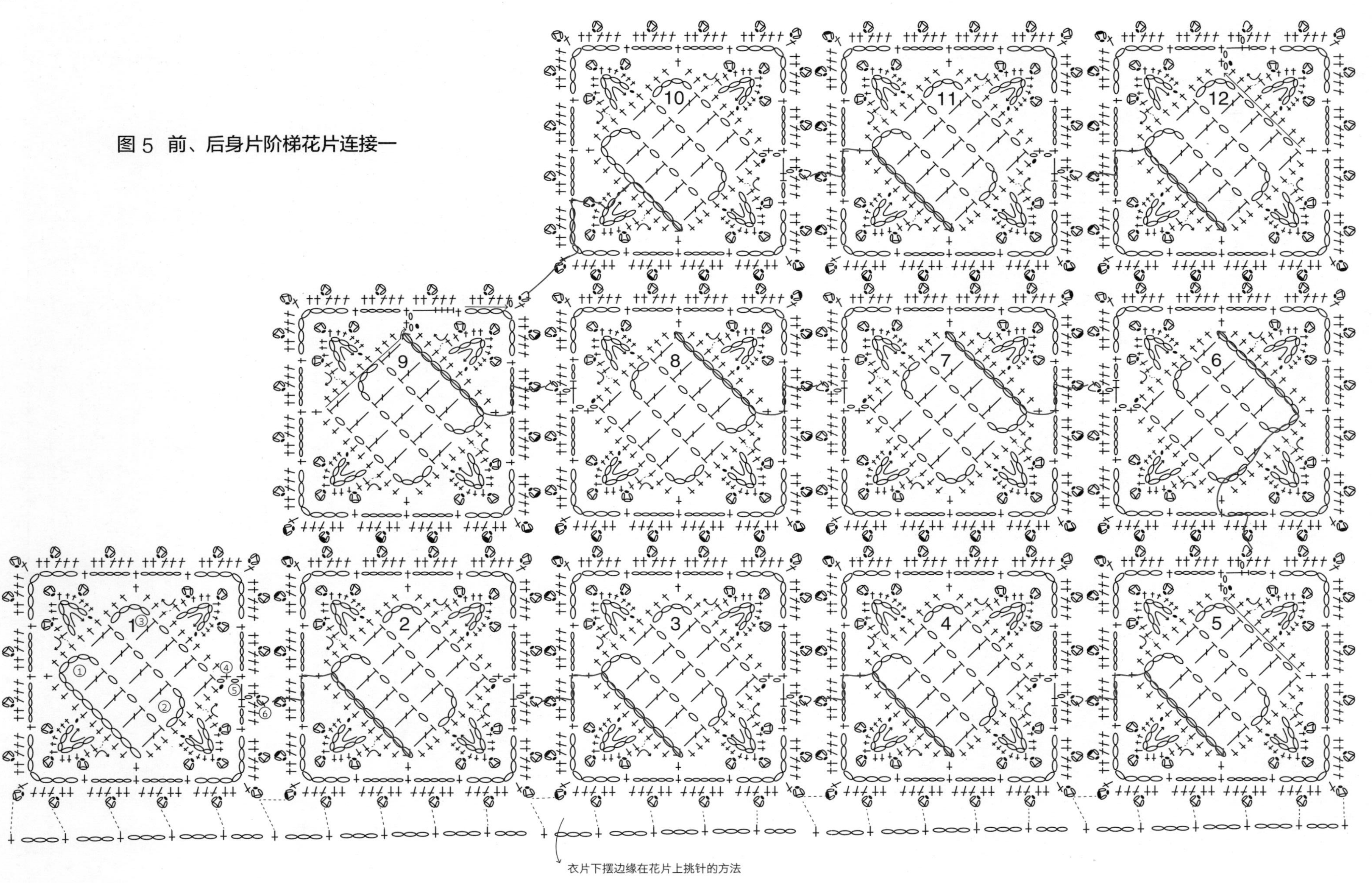

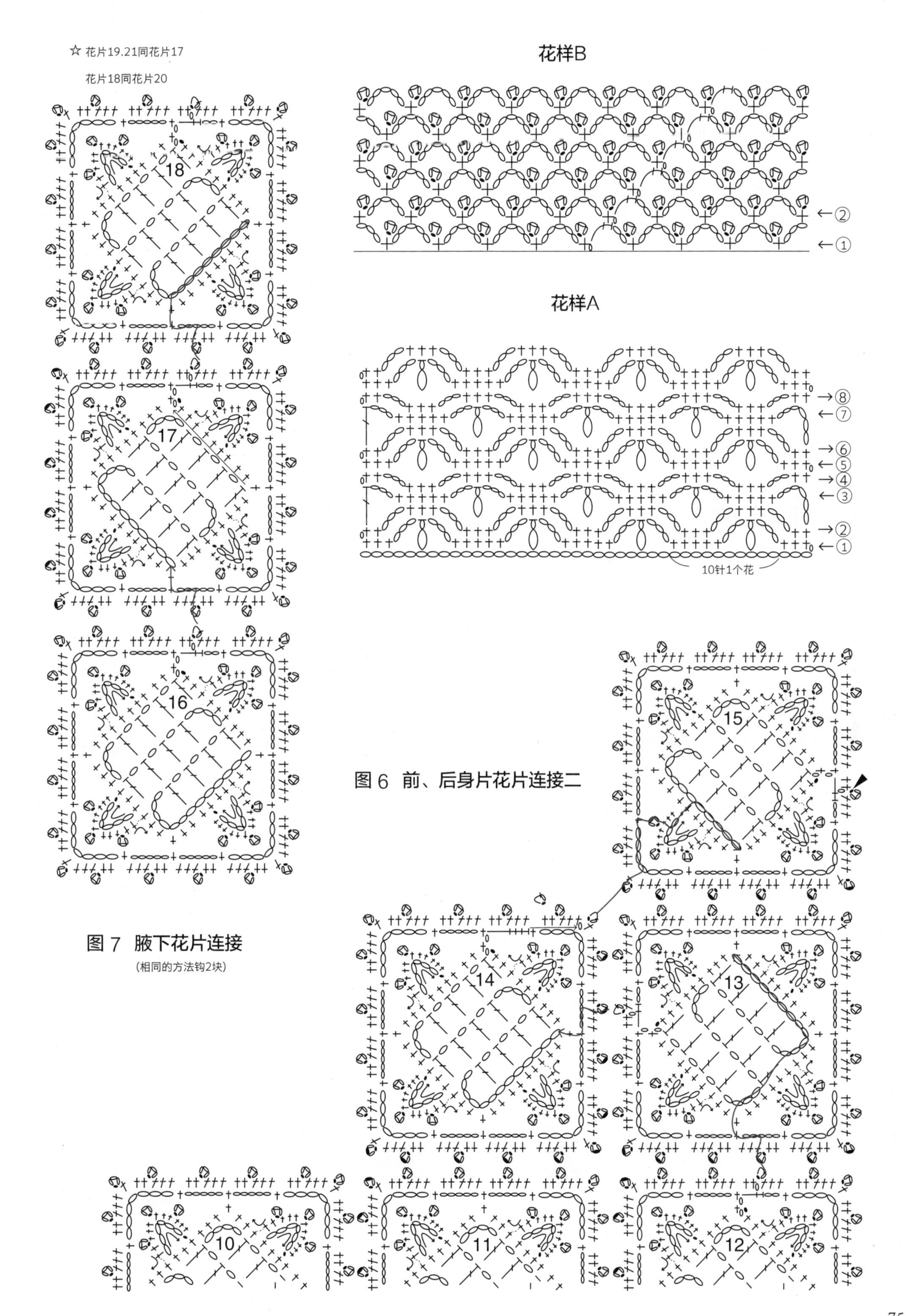
☆ 花片19.21同花片17
花片18同花片20
花样B
花样A
10针1个花
图6 前、后身片花片连接二
图7 腋下花片连接
(相同的方法钩2块)
18
17
16
15
14
13
10
11
12

09 – Y领系带开衫

P.20

材料

回归线知音米驼色 370 克

工具

钩针 4/0 号、5/0 号

成品尺寸

胸围 124 cm，衣长 55 cm

编织密度

花样 A：10 cm × 10 cm 面积内 29 针 12 行

花片：6 cm × 6 cm

编织要点

1. 用花样 A 完成前后身片，详见图 1~ 图 3。
2. 身片两侧肋边的花片与袖子整花不断线连续编织。详见图 4、图 5。
3. 身片与花片部分全部编织完成后，将花片部分与主体部分用 1 针引拔 2 针锁针的方法接合，详见图 2。
4. 下摆、身片边缘、领口的边缘连续编织，详见图 1~ 图 3。
5. 织 3 条系带。

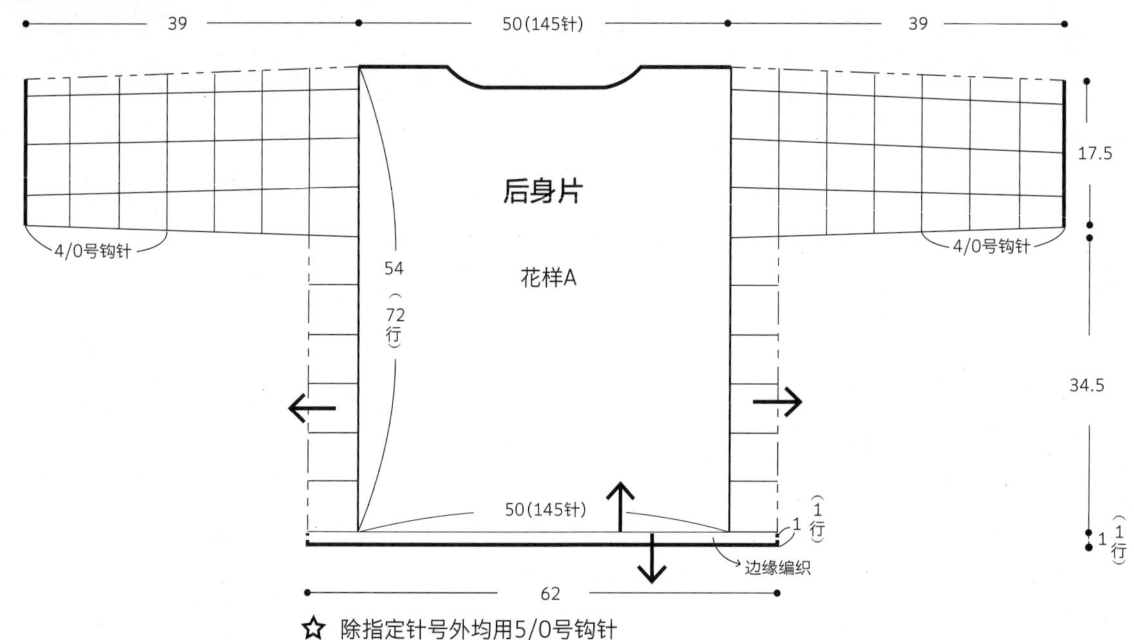

☆ 除指定针号外均用5/0号钩针

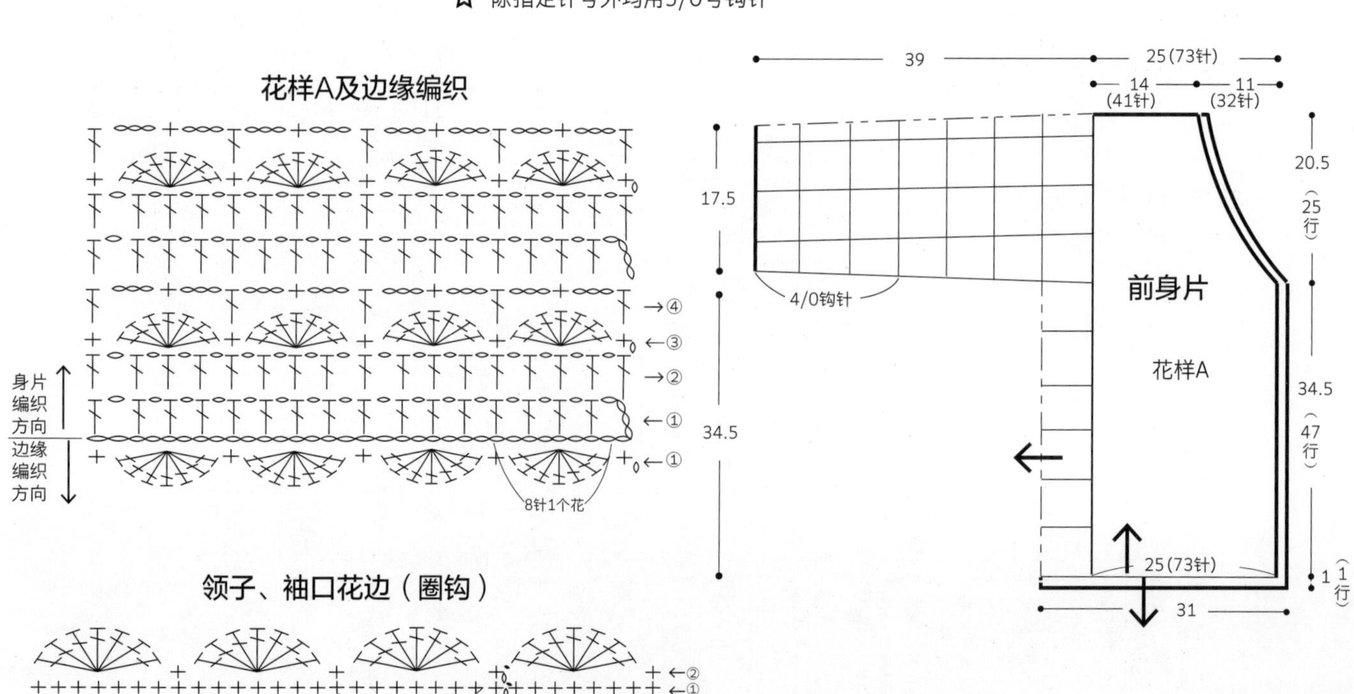

图1　左前片

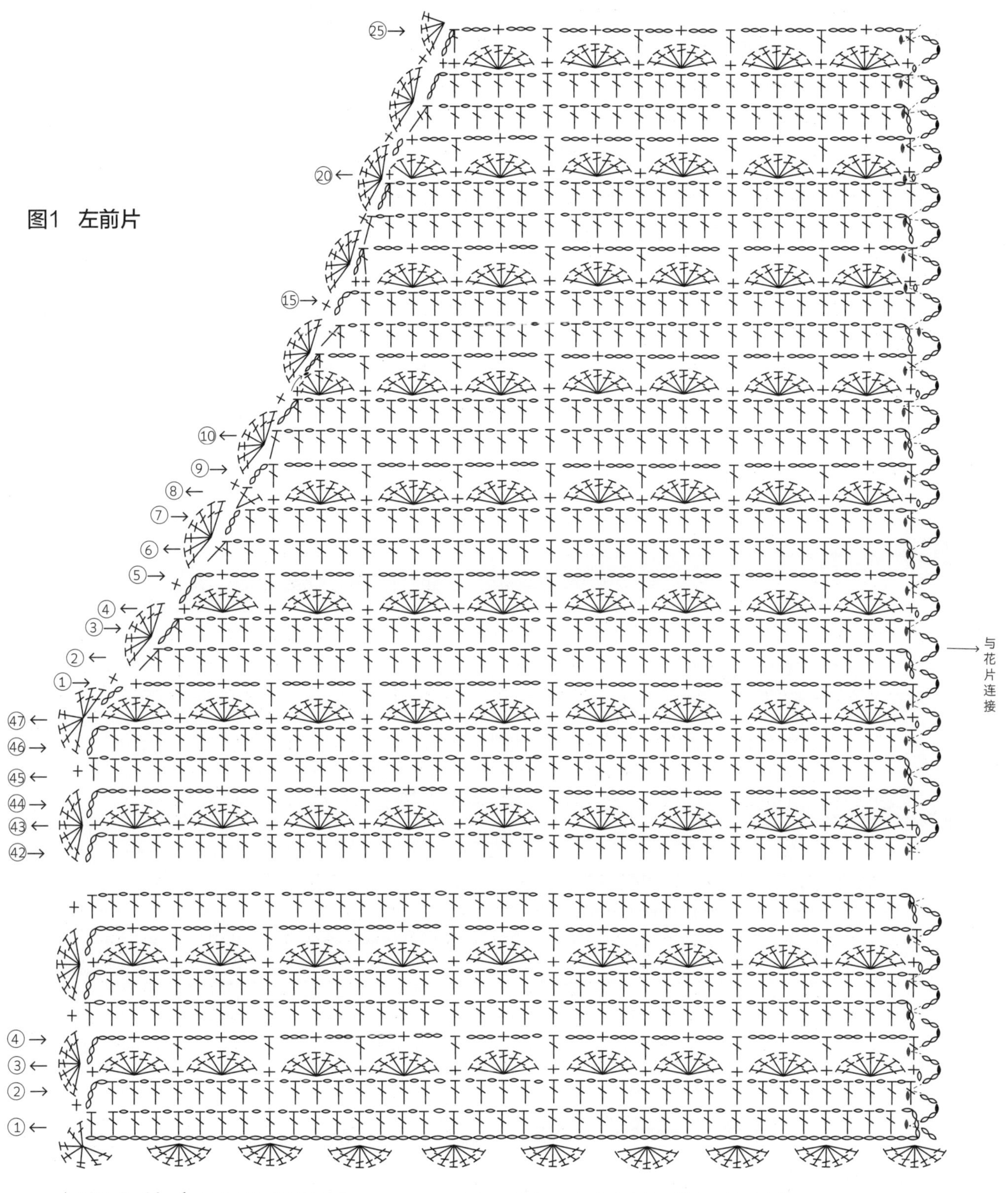

☆说明：为身片与花片的连接，━为身片上的连接引拔点，━为花片上的引拔点，均是束挑。

双重锁针链系带3条

1条200 cm（系腰用）
2条70 cm（系袖口用）

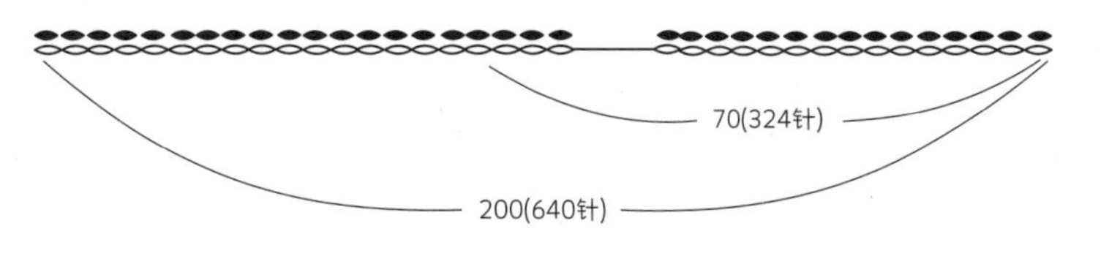

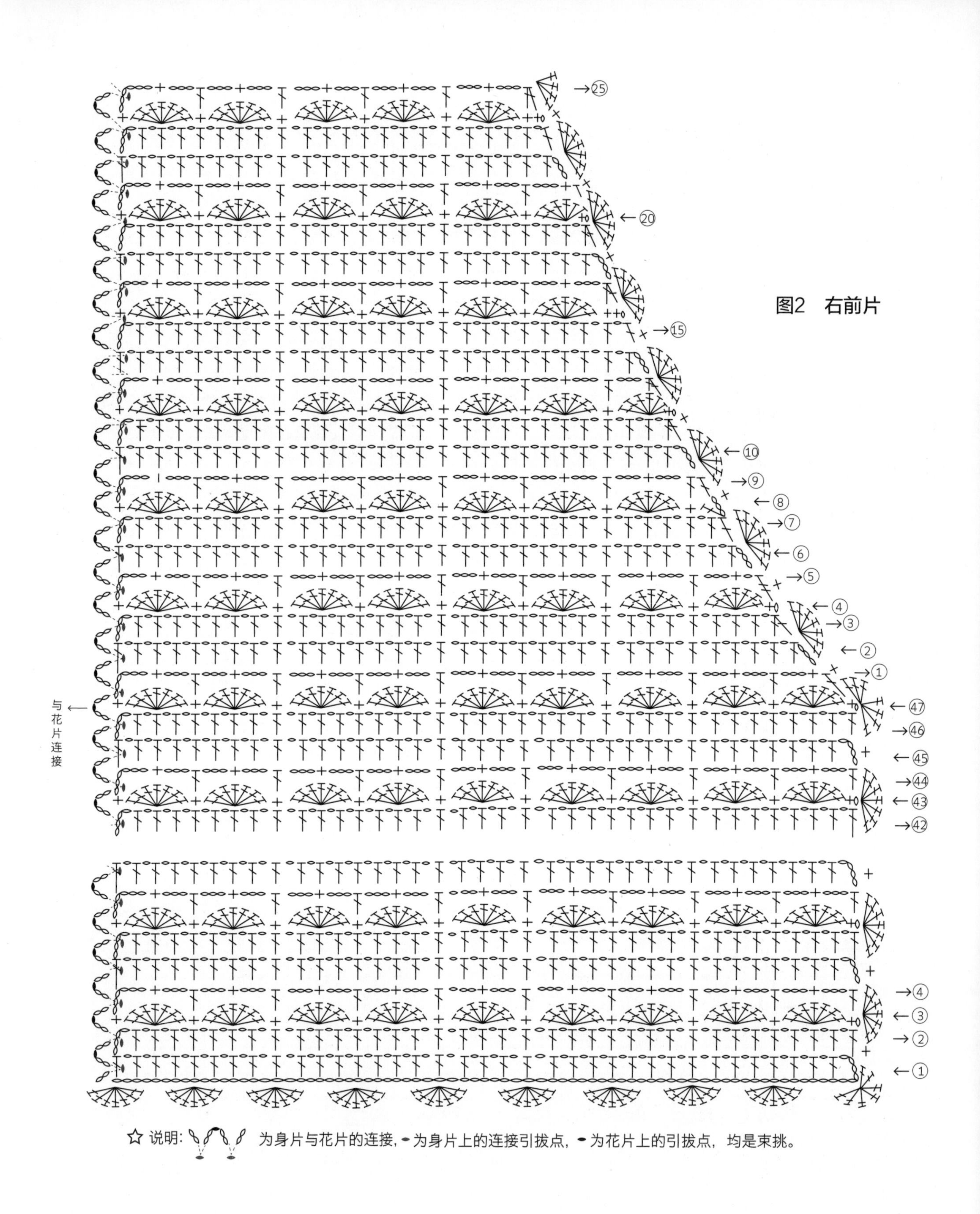

☆ 说明：为身片与花片的连接，为身片上的连接引拔点，为花片上的引拔点，均是束挑。

图3　后领

渡线

65针(8个花样)

图4 袖子花片连接一

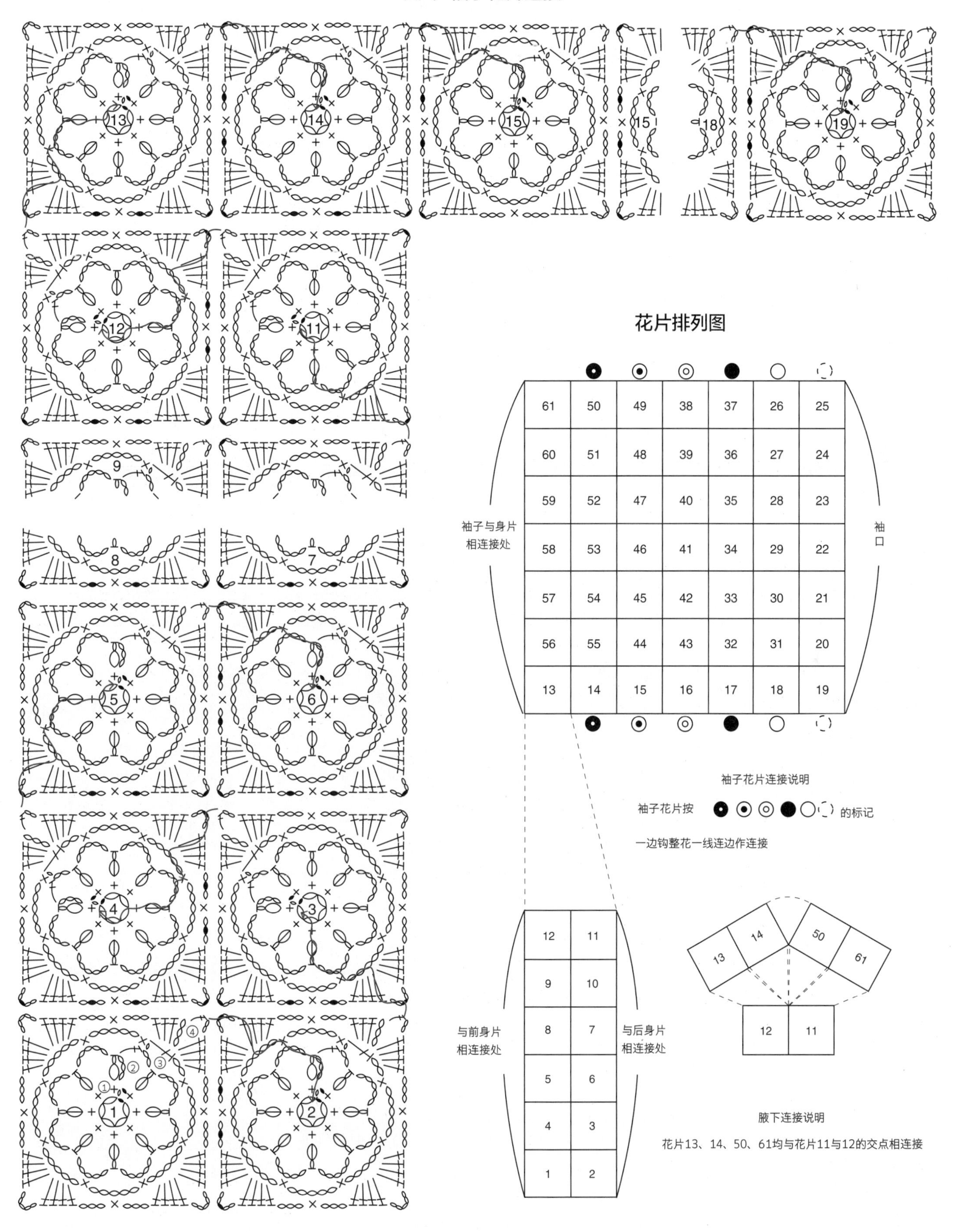

袖子花片连接说明

袖子花片按 ⊙ ◉ ◎ ● ○ ◌ 的标记

一边钩整花一线连边作连接

腋下连接说明

花片13、14、50、61均与花片11与12的交点相连接

图5 袖子花片连接二

25
24
22
21
20
19
26
27
29
30
31
18
37
36
34
33
32
17
38
39
41
42
43
16
49
48
46
45
44
15
50
51
53
54
55
14
61
60
58
57
56
13

10 – 腰带装饰的阿富汗针长背心

P.22

材料

Lang Navena 39 号色 300 克

Lang Baby Alpaca 94 号色 50 克

Hamanaka aprico lame101 色 20 克

工具

阿富汗针 5 号

钩针 5/0 号、2/0 号

成品尺寸

胸围 90 cm，衣长 68 cm

编织密度

阿富汗针：10 cm × 10 cm 面积内 22 针 18 行

花片：4 cm × 4 cm

编织要点

1. 锁针起针，用阿富汗针完成前后身片，详见图 1~ 图 5。
2. 腰部中间的花片作整花一线连编织，外围再编织一行短针，详见腰带花片连接图，完成后用卷针缝的方法将花片与前后身边连接。
3. 下摆、前门襟和领子连在一起圈钩，花样参见边缘编织。

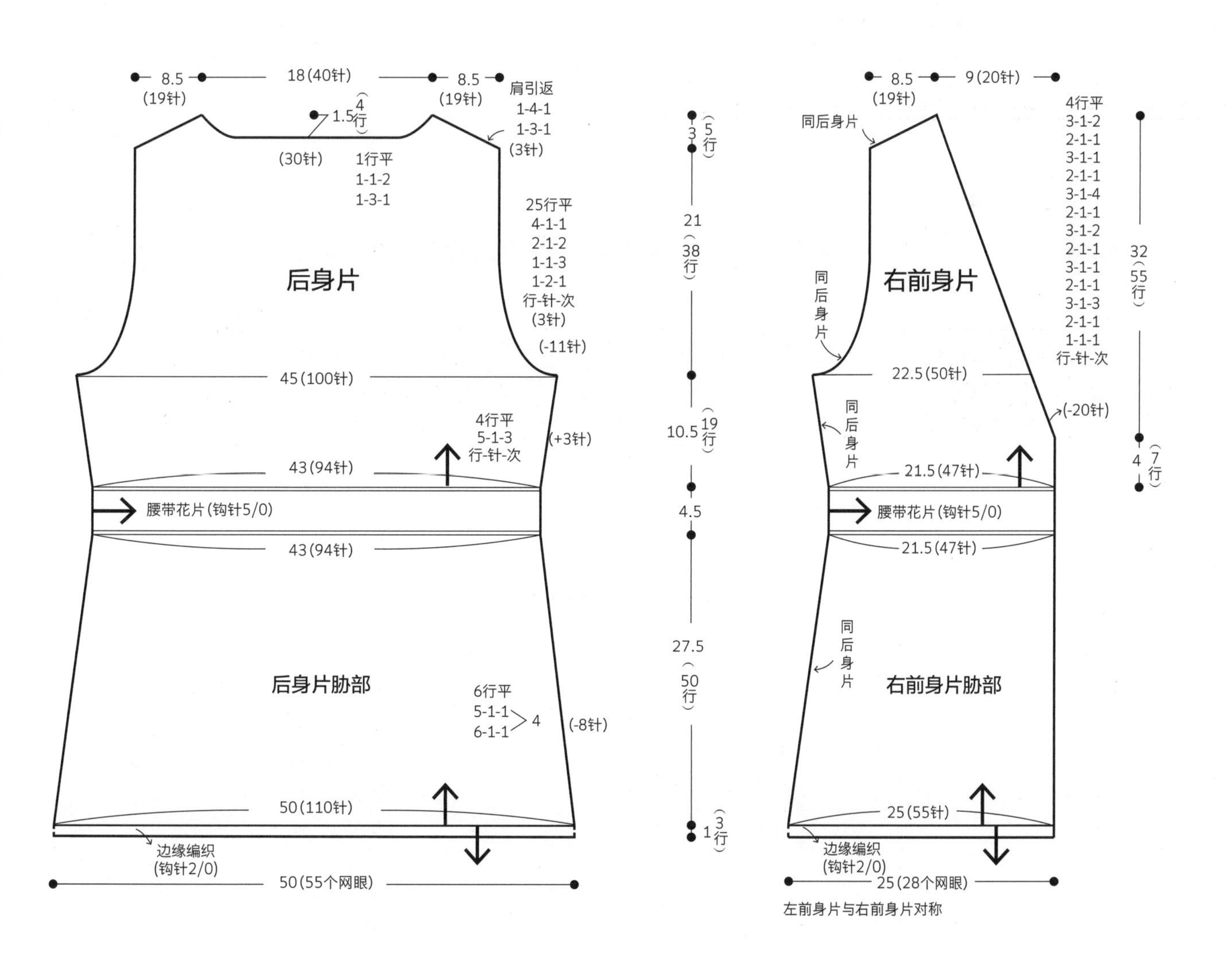

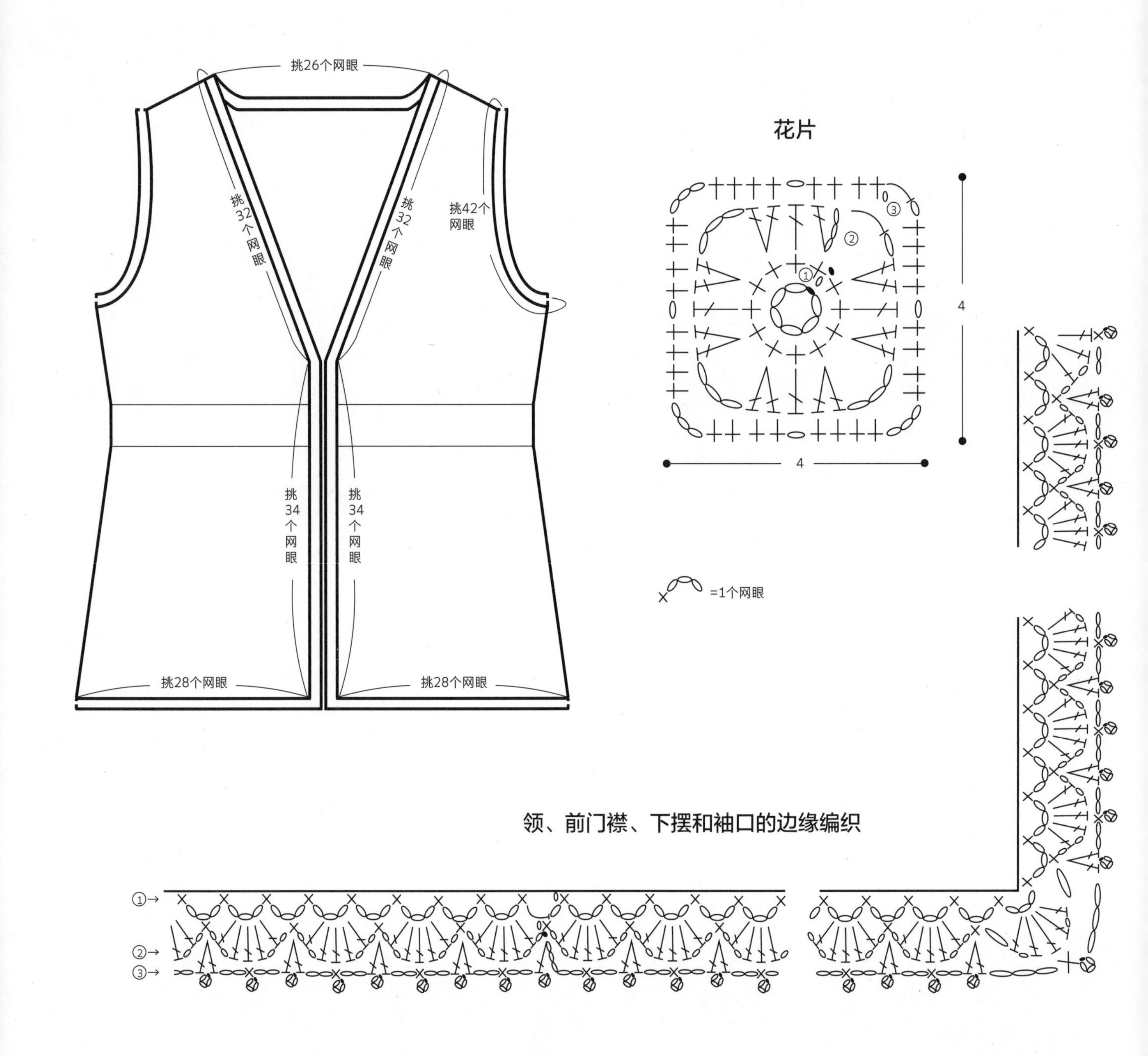

腰带花片连接图

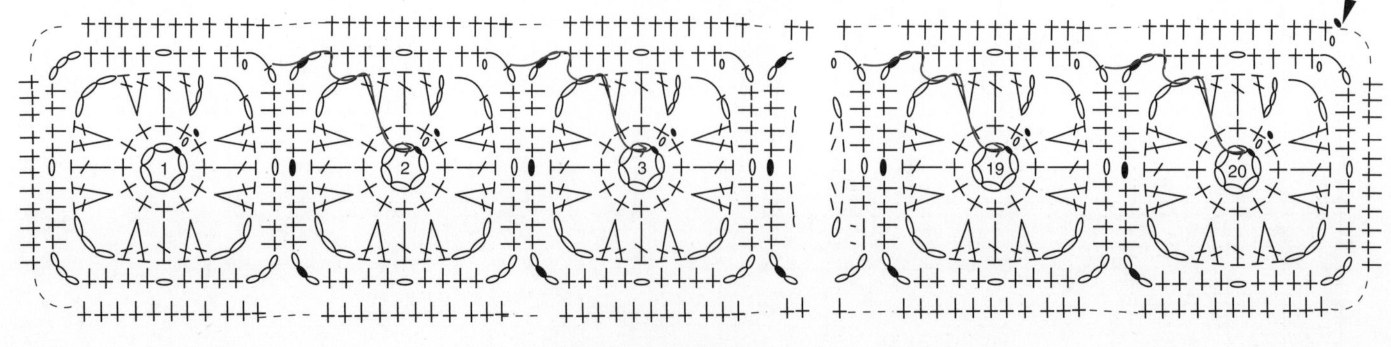

☆ 花片4~18同花片3的编织方法

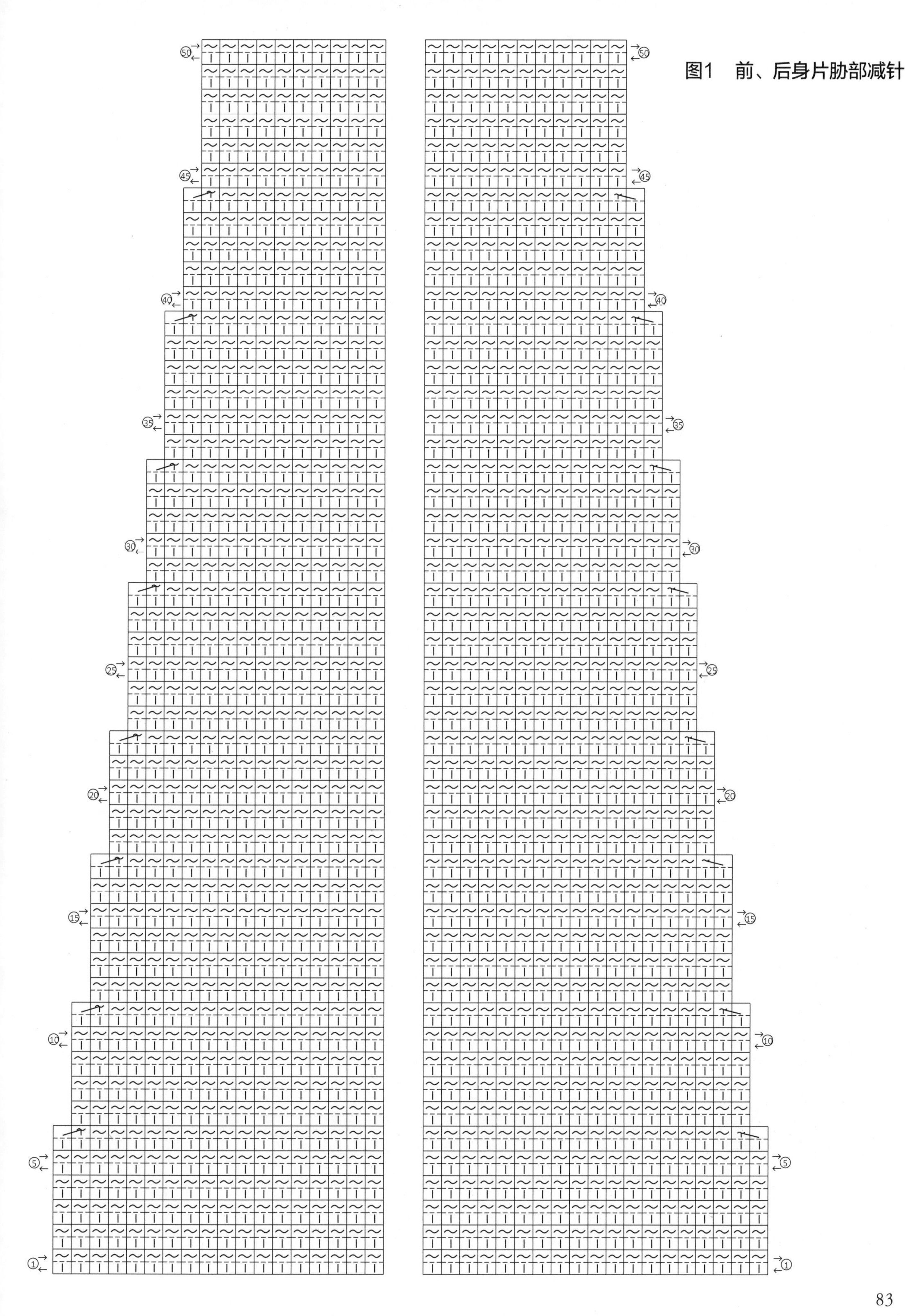

图1　前、后身片肋部减针

图3 后领

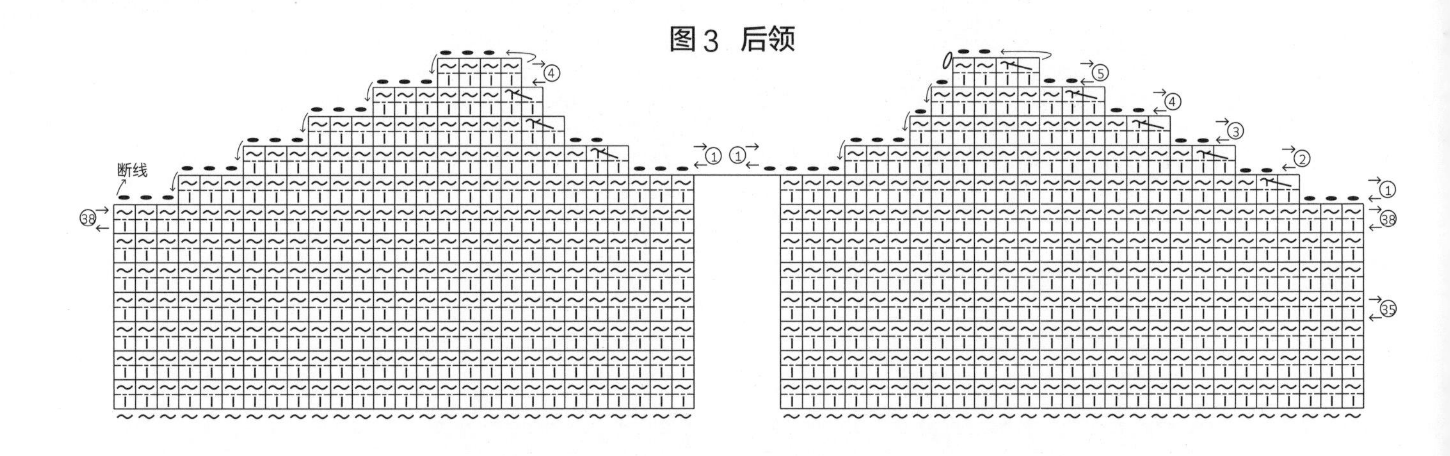

图2 后身片

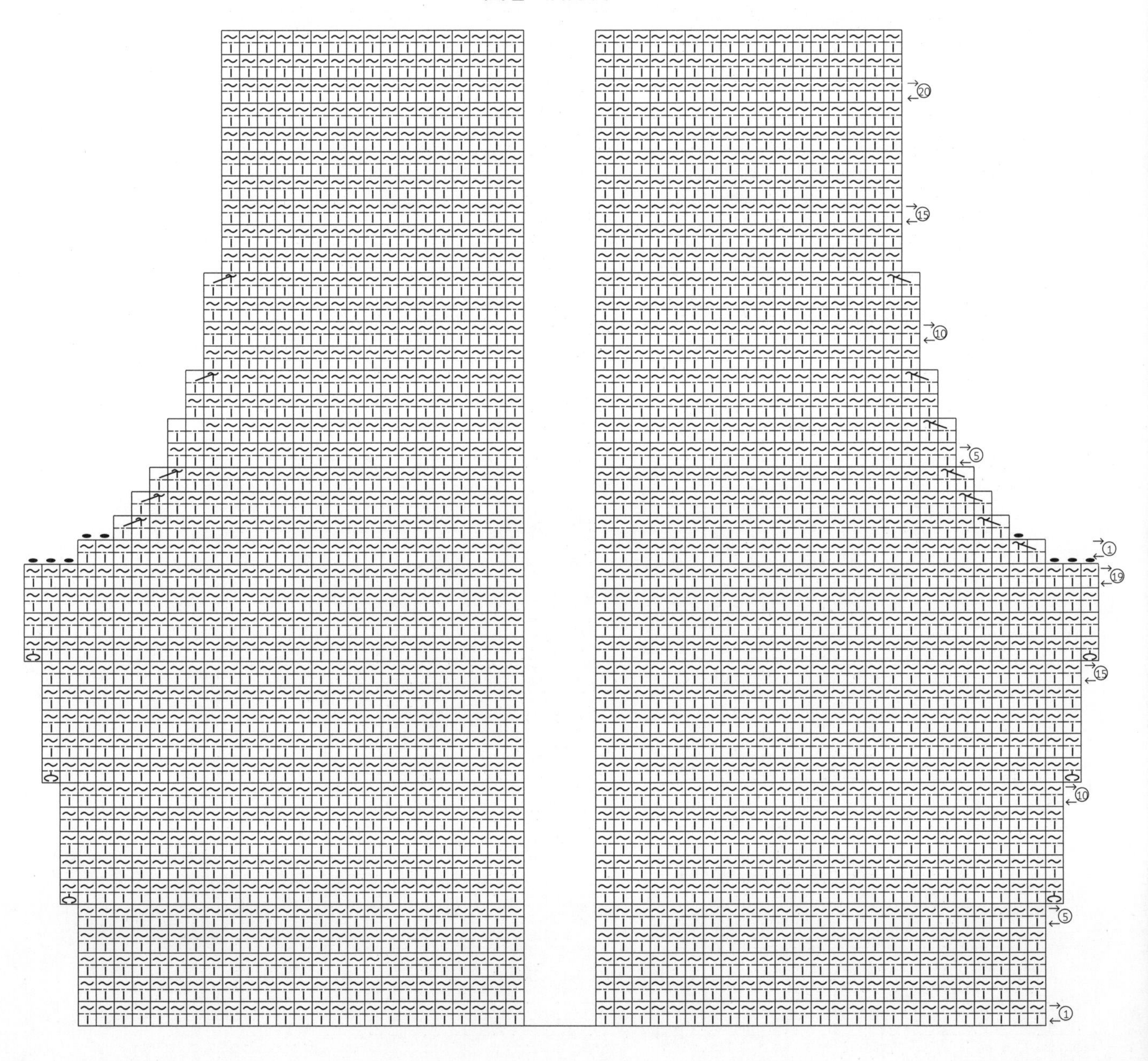

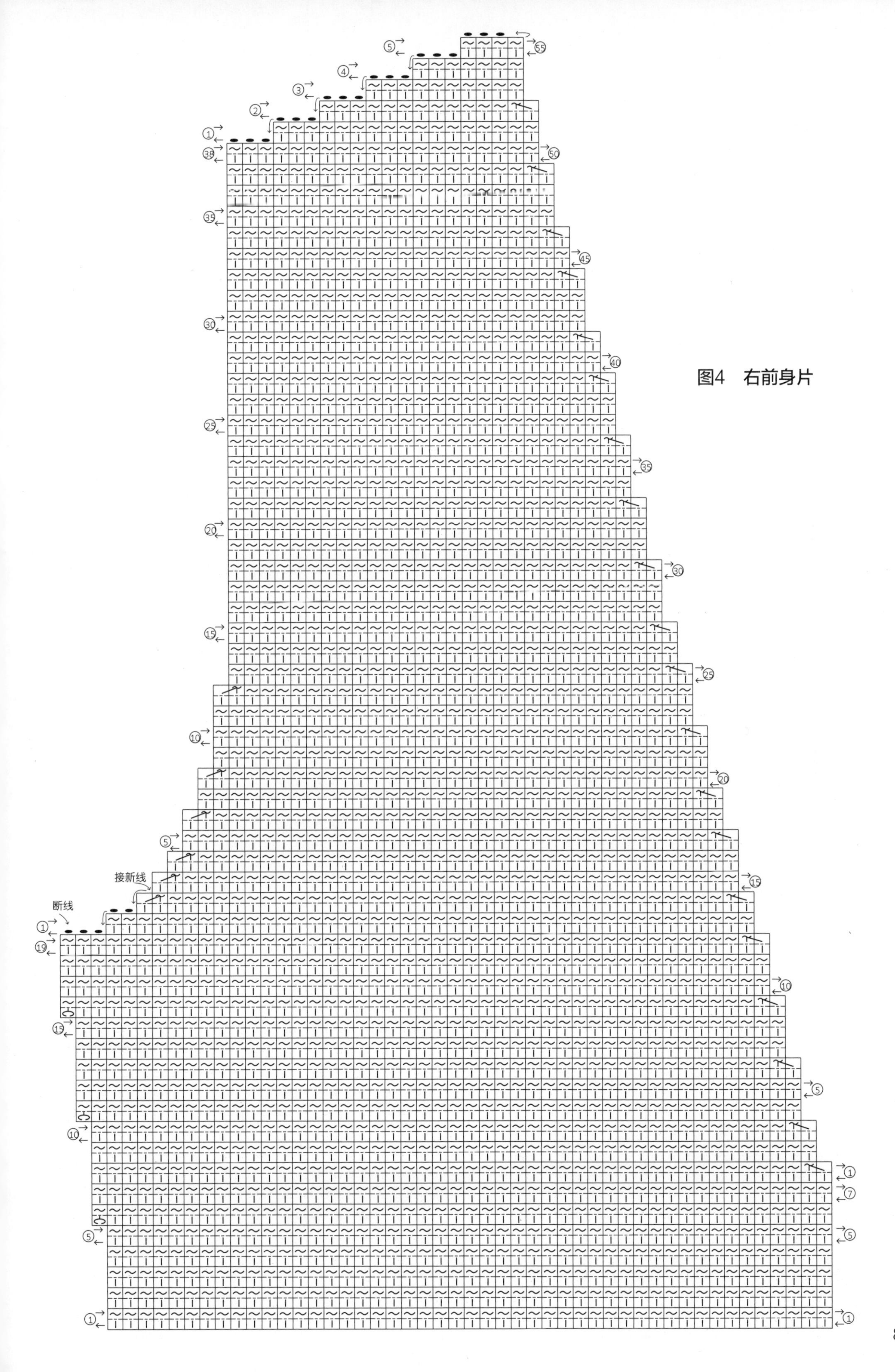

图4 右前身片
接新线
断线

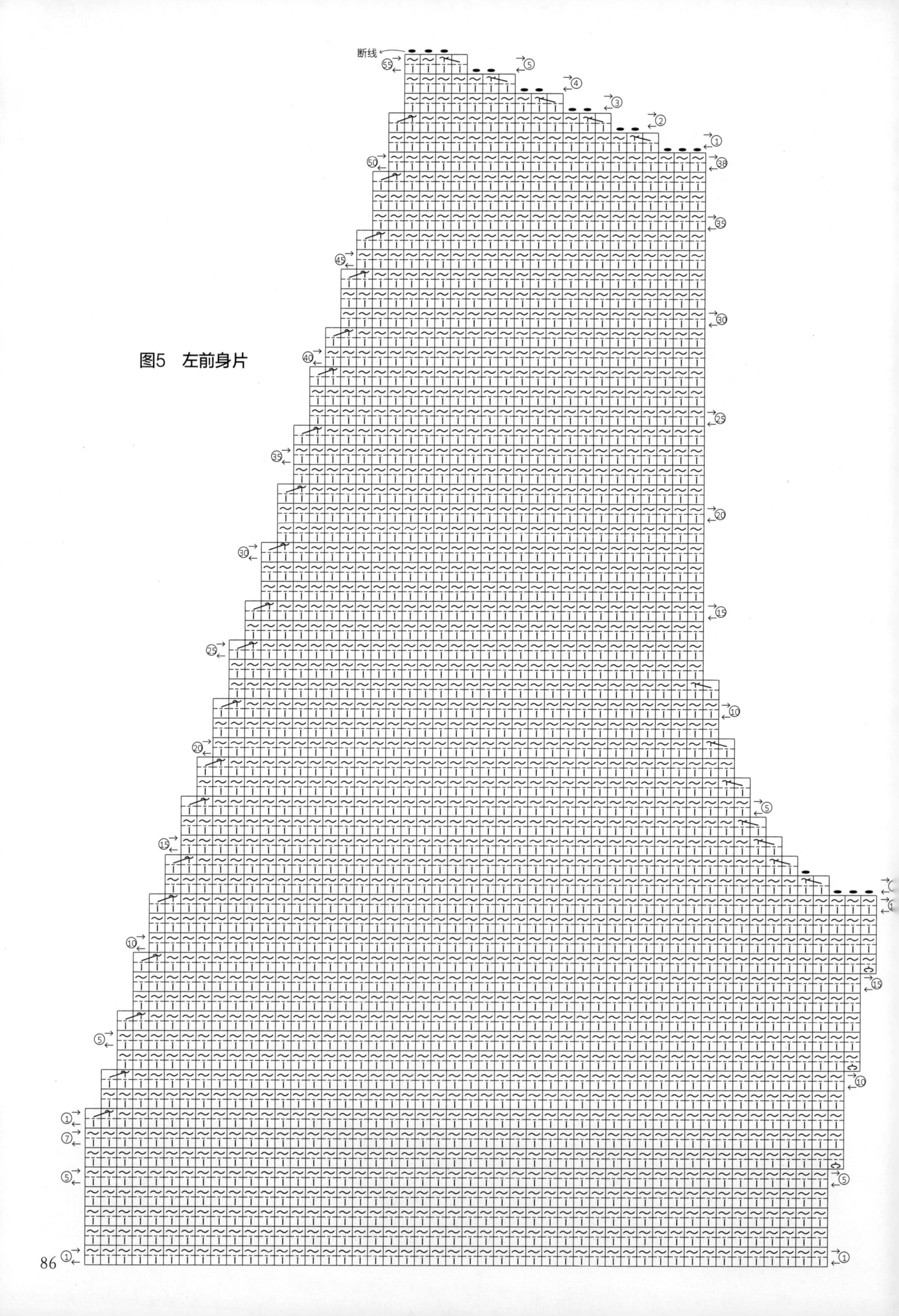

图5　左前身片
断线

11 – 花片变化设计的连衣裙

P.23

材料

意大利 Sesia 羊驼 6012 色 475 克

Lang 段染 20 克

直径 3 mm 白色米珠 168 颗

工具

钩针 5/0 号

成品尺寸

胸围 108 cm，衣长 95 cm

编织密度

花片（4/0 号钩针）：9 cm × 10cm

花片（5/0 号钩针）：10 cm × 11 cm

编织要点

1. 按花片序号不断线连续钩织，详见图 1~ 图 5，注意领口和袖口花片的变化。
2. 主体钩织完成后，钩织下摆缘边，边钩边加入珠子（详见图 1）。
3. 分别编织领口与袖口缘边，按指定针目先钩 1 行短针，再完成边缘编织 A。

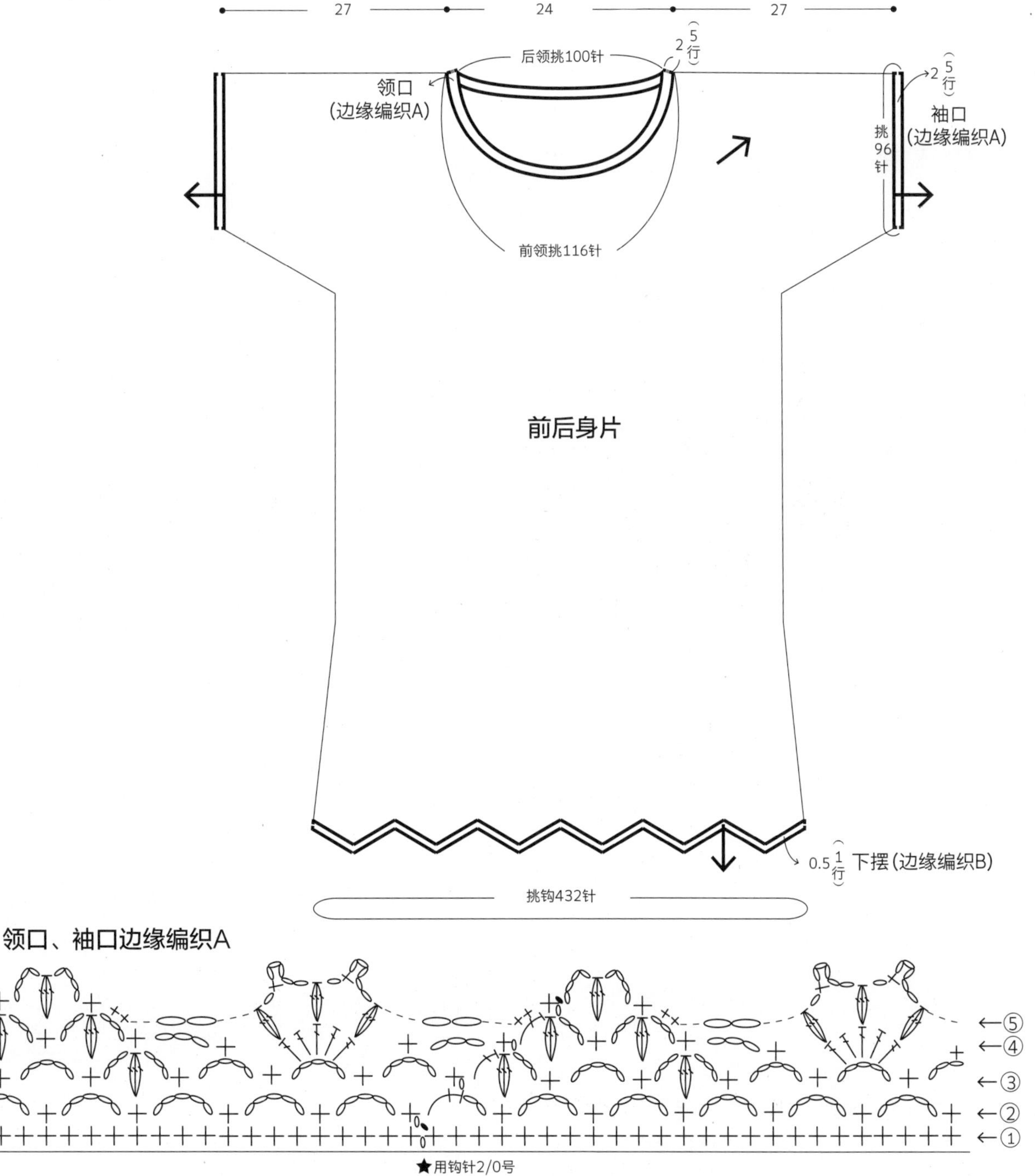

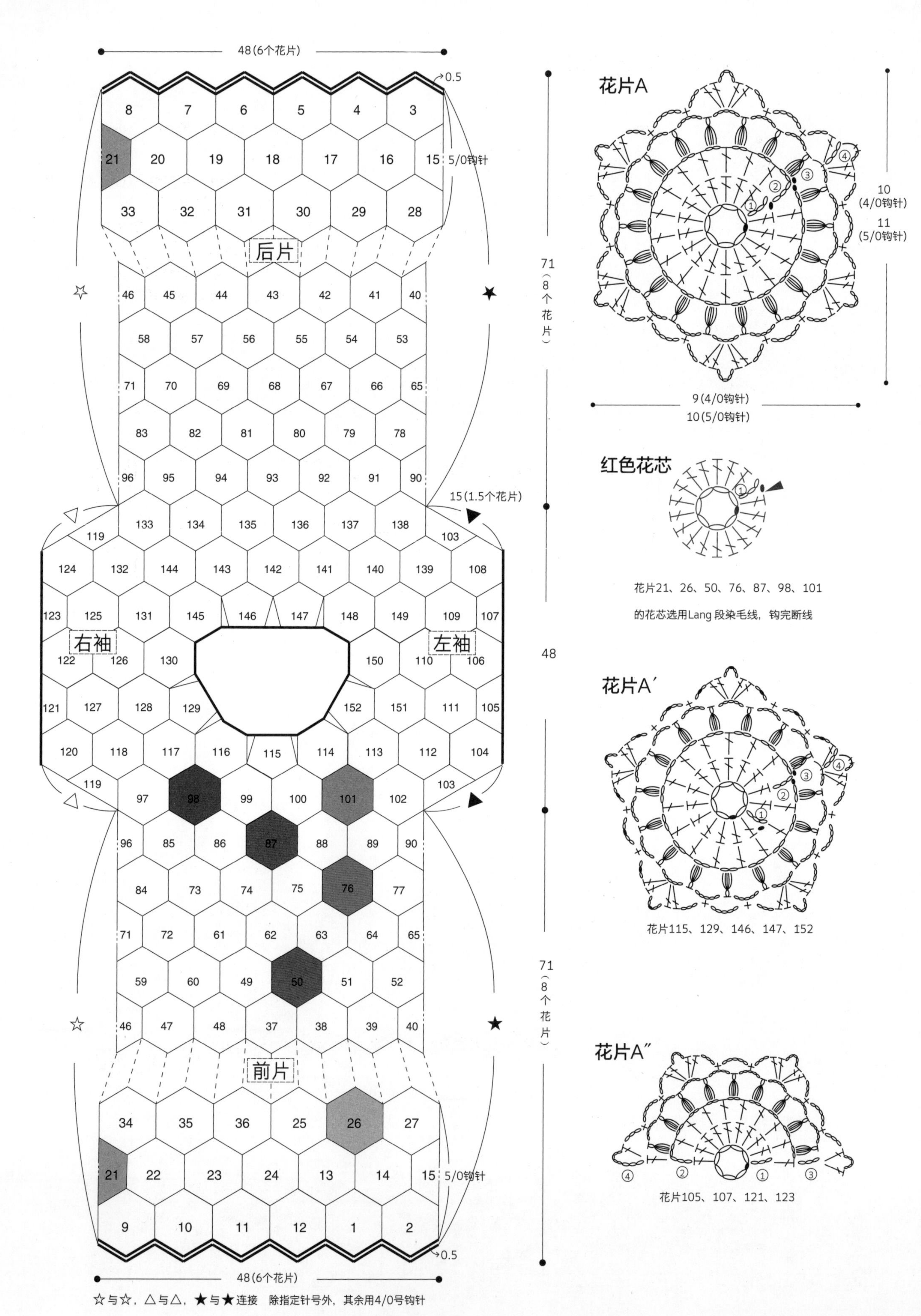

☆与☆，△与△，★与★连接　除指定针号外，其余用4/0号钩针

图1 花片连接一
4/0号
钩针
5/0号
钩针
48
37
38
39
40
35
36
25
26
27
23
24
13
14
15
10
11
12
1
2
☆ 花片3~10同花片2
花片16~22同花片15
花片28~35同花片27
花片41~47同花片40
花片49~96编织方法同上
花片97见图2
5/0号钩针
=3mm透明色米珠
下摆边缘编织B(1行)

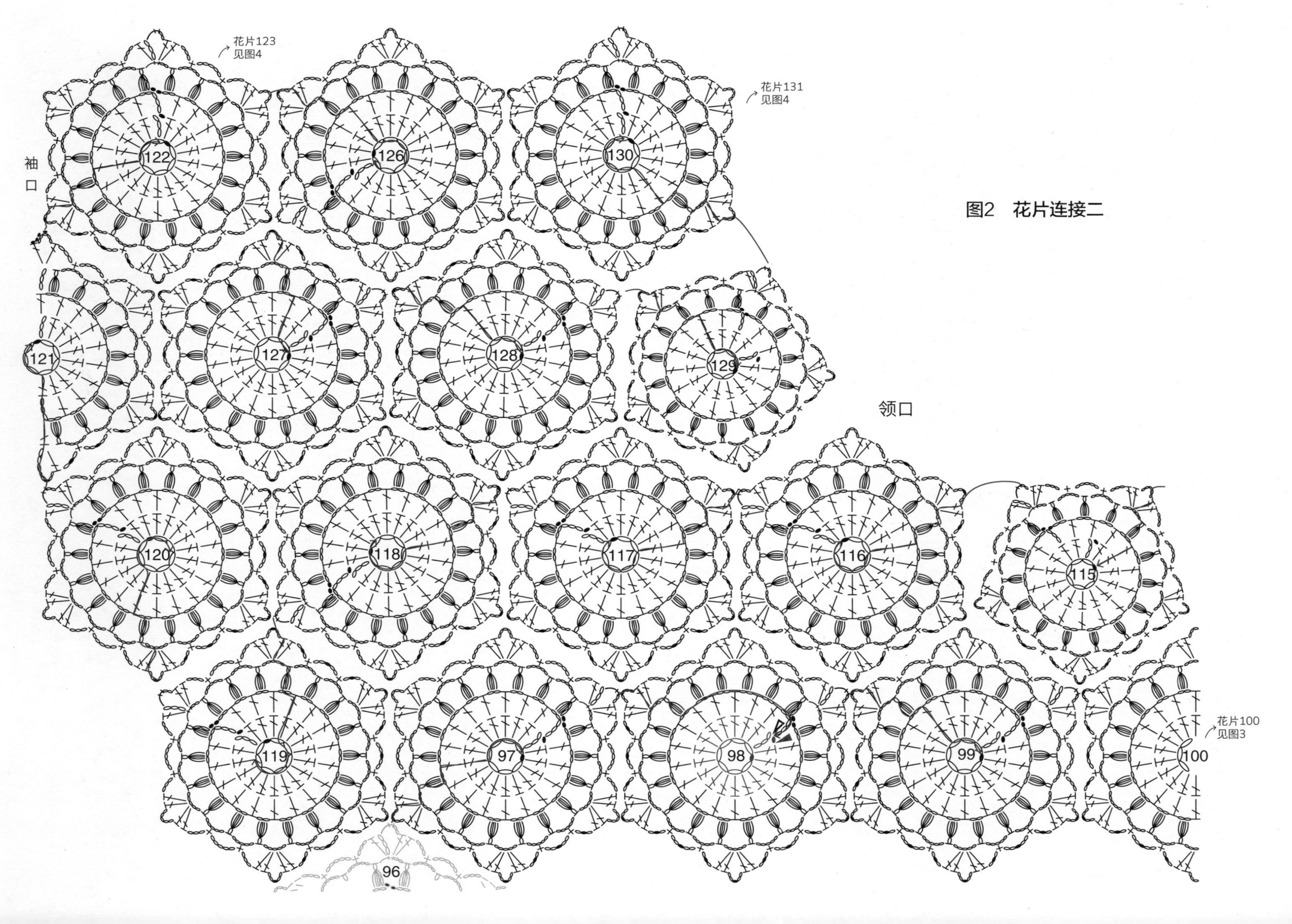
花片123
见图4
花片131
见图4
袖口
领口
花片100
见图3
122
126
130
121
127
128
129
120
118
117
116
115
119
97
98
99
100
96

图2 花片连接二

图3 花片连接三

花片107
见图5
150
110
106
152
151
111
105
领口
袖口
花片116
见图2
115
114
113
112
104
99
100
101
102
103

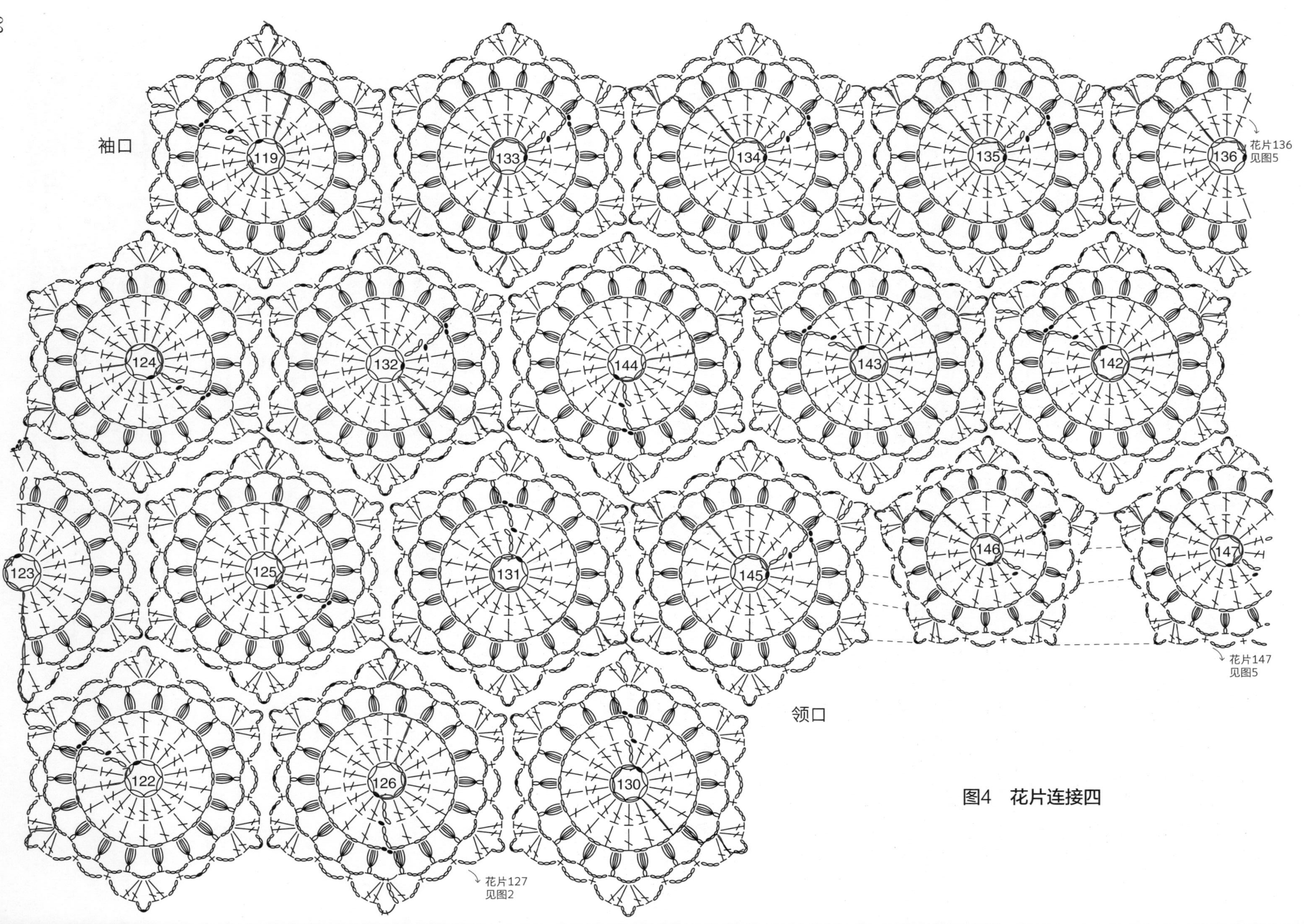

袖口
119
133
134
135
136
花片136
见图5
124
132
144
143
142
123
125
131
145
146
147
花片147
见图5
领口
122
126
130
花片127
见图2

图4 花片连接四

136
137
138
103
花片143
见图4
142
141
140
139
108
袖口
146
147
148
149
109
107
领口
150
110
106
花片151
见图3
花片111
见图3

图5 花片连接五

12 – 半袖棉线套头衫

P.25

材料

回归线佳音荼白 407 克

透明 3 mm 珠子 84 颗

工具

钩针 0 号、2/0 号、3/0 号

成品尺寸

胸围 98 cm，衣长 55 cm

编织密度

五角花片（2/0 号钩针）：5 cm x 6.5 cm

六角花片（2/0 号钩针）：7 cm x 7 cm

六角花片（3/0 号钩针）：7.5 cm x 7.5 cm

编织要点

1. 按花片序号不断线连续编织，花片 1~42 用 3/0 号钩针，其余花片用 2/0 号钩针。花片连接图详见图 1~ 图 8，身片先圈钩，再连着袖子、领子不断线钩织。
2. 整衣钩织完成后，领口挑取指定针目，钩织边缘花样，边缘编织用 2/0 号和 0 号蕾丝钩针，详见图示。

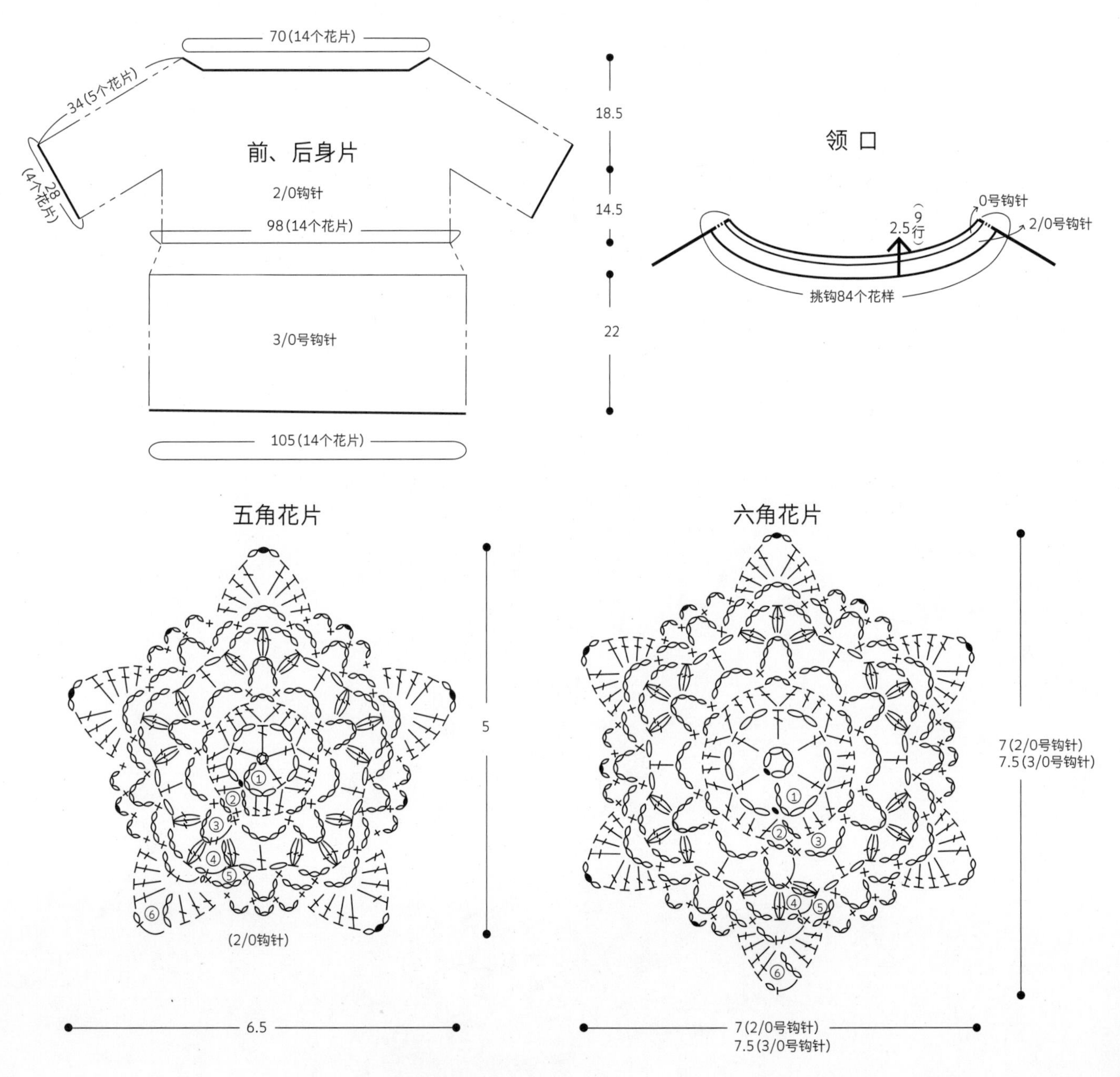

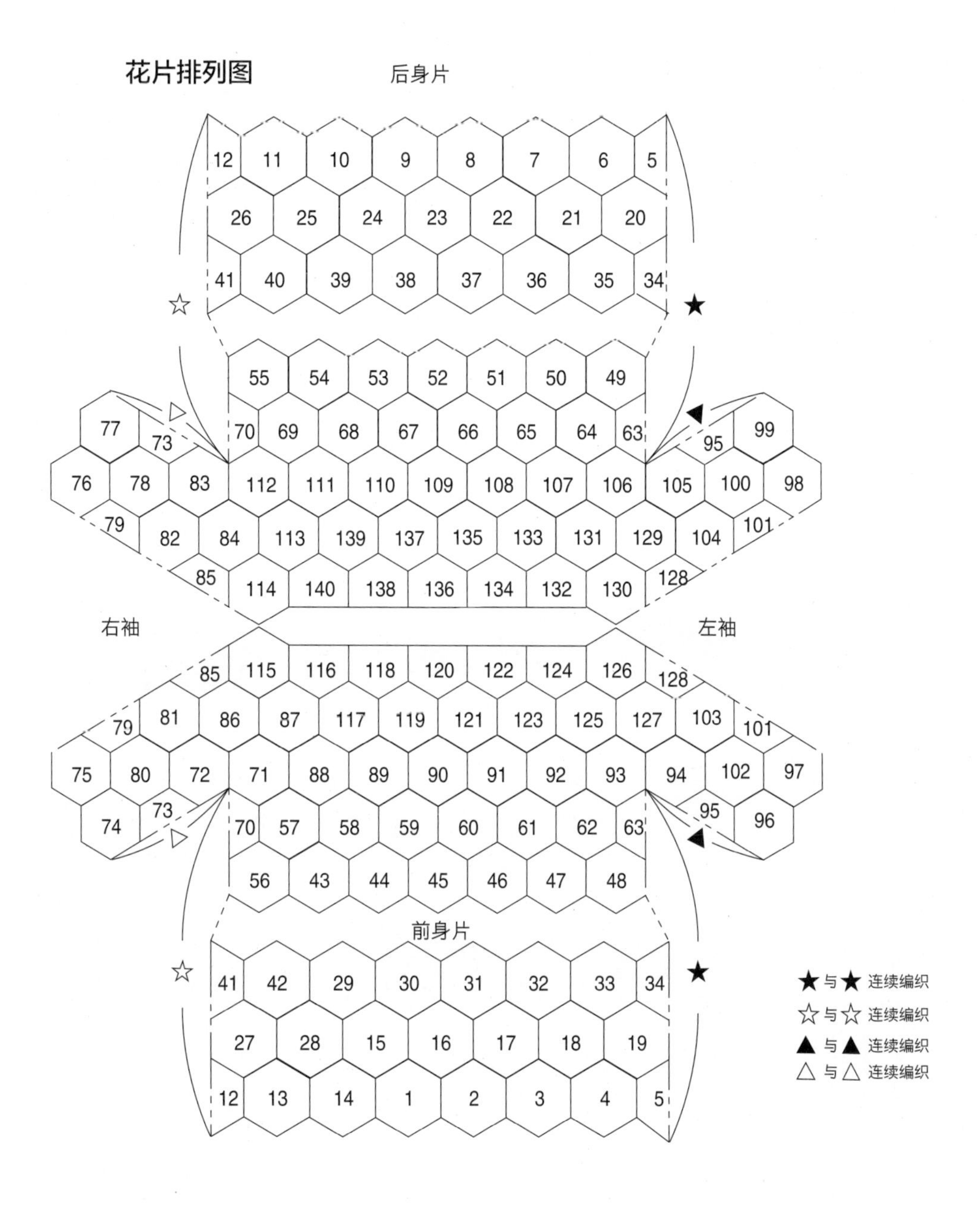

领口边缘编织

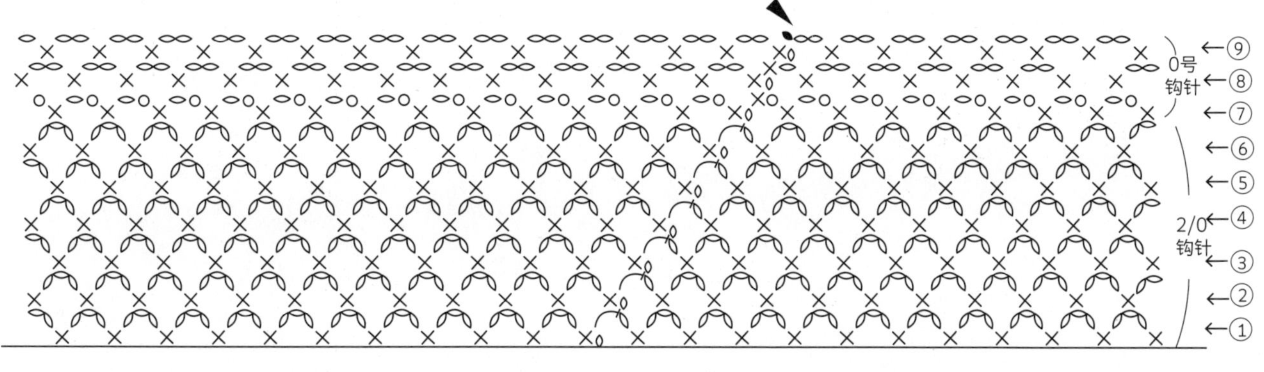

图1 花片连接一

☆ 花片43同29，花片4~13，花片18~27，花片33~41，花片44~55同花片2，花片56同42的方法。

图2 花片连接二

☆ 花片45~55同44，花片60~69同59，花片90~93同花片89的钩织方法，94见图6

☆ 花片77与花片74连接
73
☆ 花片83与花片72连接
☆ 与花片70连接
112
77
83
☆ 花片84
见图8
78
84
76
82
79
85
75
81
80
86
74
72
73
71
☆ 花片70这个点
与花片71、72、
83、112相连接
☆ 花片70左侧
与69相连
70

图3　花片连接图三（右袖）

图4　花片连接四（右前领）

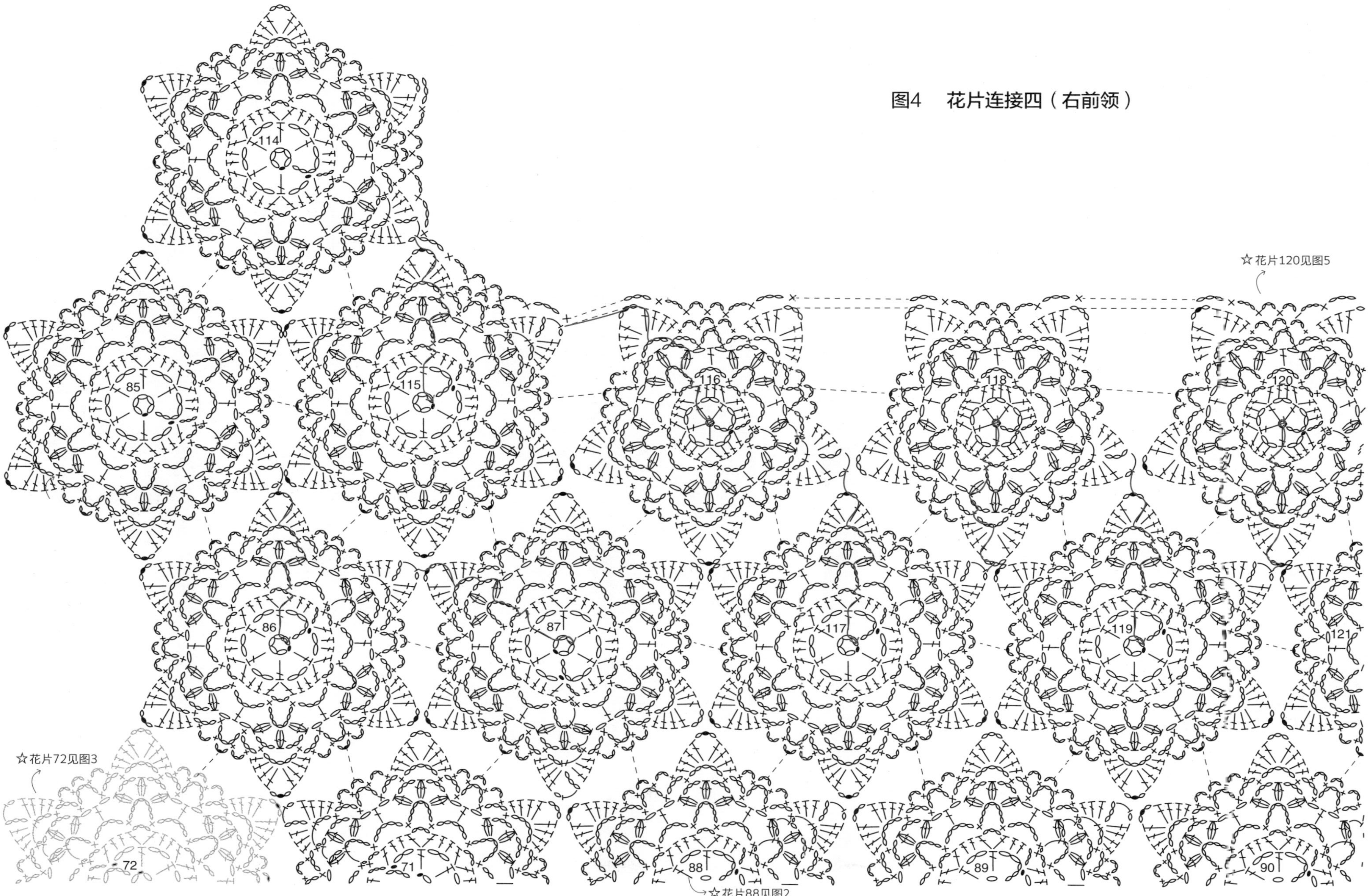

☆花片120见图5

114
85
115
116
118
120
86
87
117
119
121
☆花片72见图3
72
71
88
89
90
☆花片88见图2

☆ 花片129见图7
131
129
120
122
124
126
128
121
123
125
127
103
88
89
90
91
92

图5 花片连接五（左前领）

☆花片106见图7
☆与花片63连接
☆花片105与94连接成袖子
☆花片99与花片96连接成袖口
106
105
95
99
129
100
104
98
128
101
103
97
127
102
94
96
93
95
☆花片63这个点
与花片93、94、
105、106相连接
63
☆花片63右侧
与64相连

图6 花片连接六（左袖）

☆ 花片110、137、138见图8

图7 花片连接七（左后领）

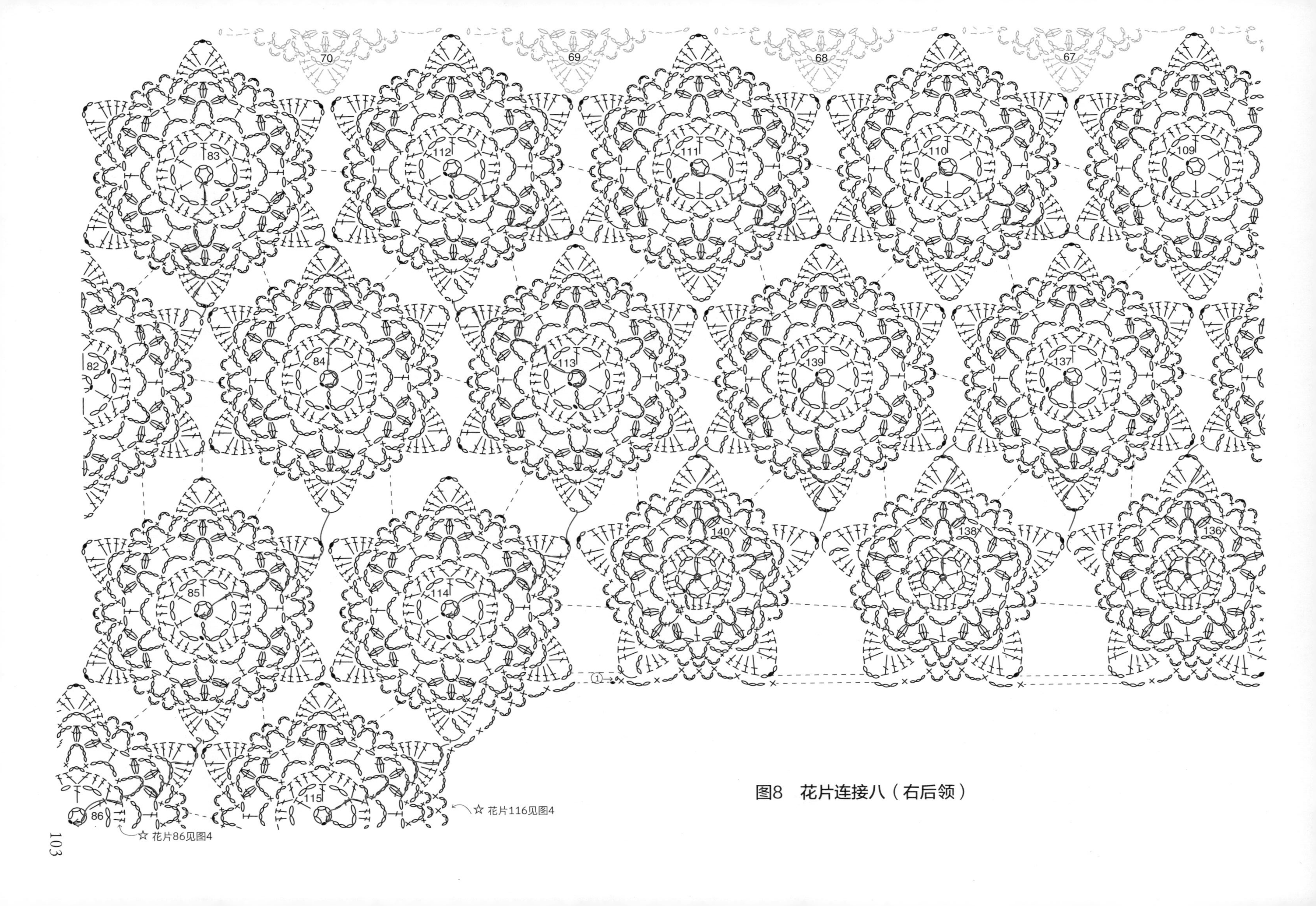

70
69
68
67
83
112
111
110
109
82
84
113
139
137
140
138
136
85
114
①
115
86
☆ 花片116见图4
☆ 花片86见图4

图8 花片连接八（右后领）

13 – 两件套：花边领的短款长袖毛衣

P.26

材料

意大利 Sesia 羊驼 6012 色 350 克

工具

钩针 5/0 号

成品尺寸

胸围 105 cm，衣长 52 cm

编织密度

花片：7.5 cm × 7.5 cm

编织要点

1. 按花片序号不断线连续编织，详见图 1~ 图 10，其中 62、70、79、146、149、154 为花样 A，也与花片一起连续编织，完成整衣部分。身片先圈钩，再连着袖子片钩，注意：袖子按图示作环状连接，△与△连接，▲与▲连接，腋下的连接，详见图 4（A）和图 4（B）。
2. 整衣钩织完成后，领口、袖口分别挑取指定针目，编织边缘花样。
3. 钩织装饰胸花，缝在领中心位置。
4. 整理熨烫编织完成的毛衣。

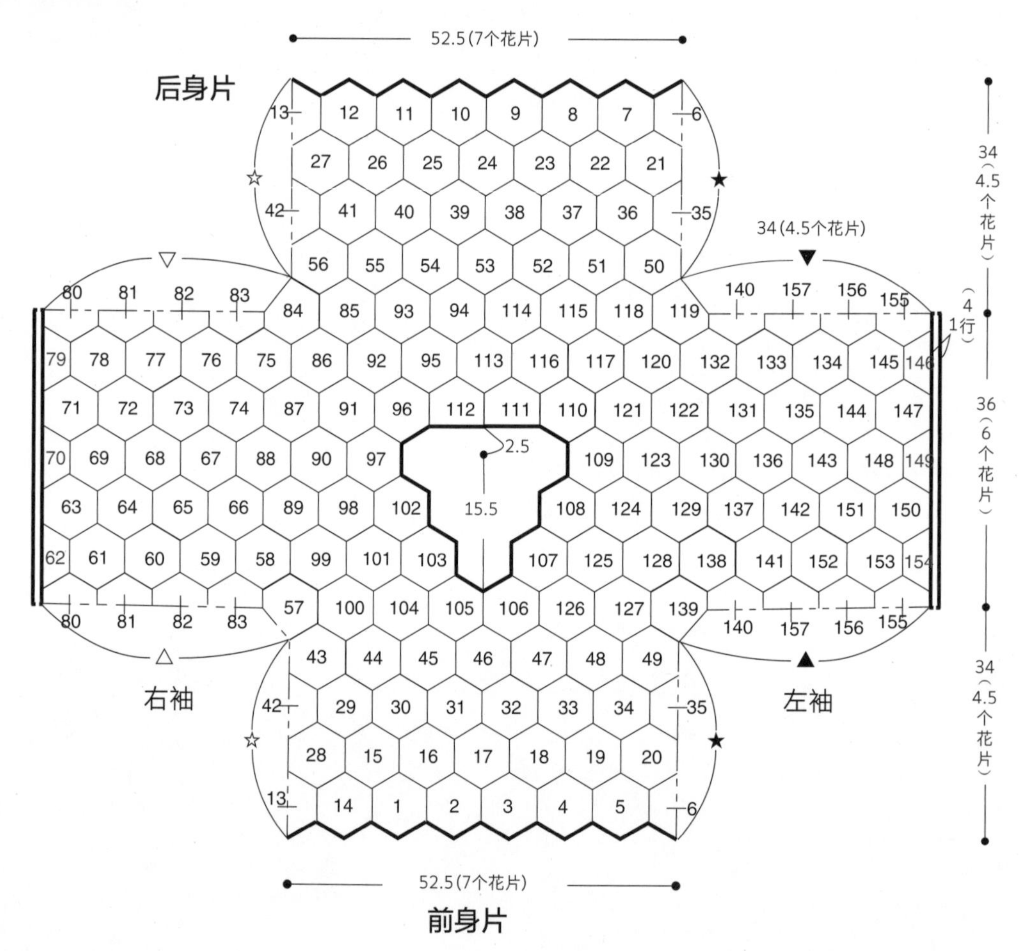

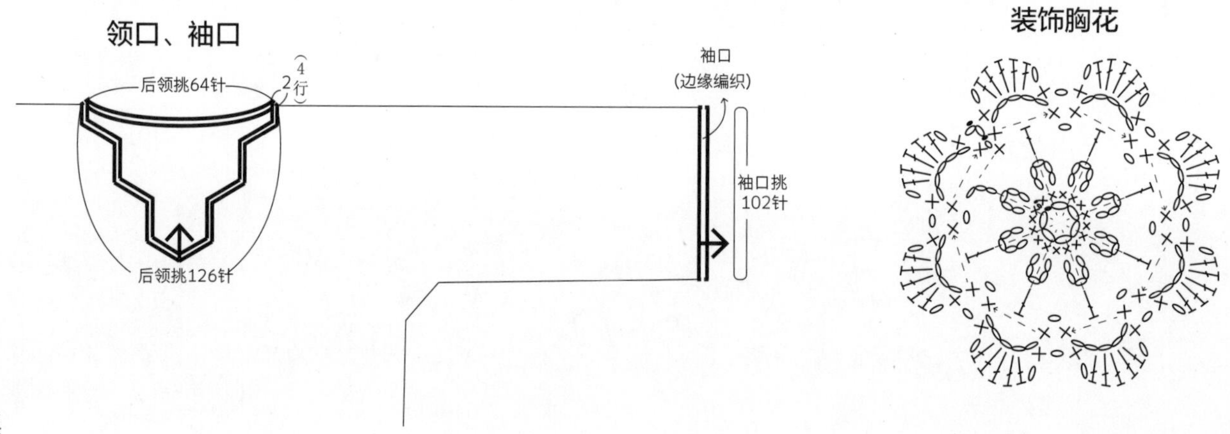

图 1　花片连接一

后接图2之57号花片
56
55
43
44
45
46
42
29
30
31
32
28
27
15
16
17
18
13
14
1
2
3

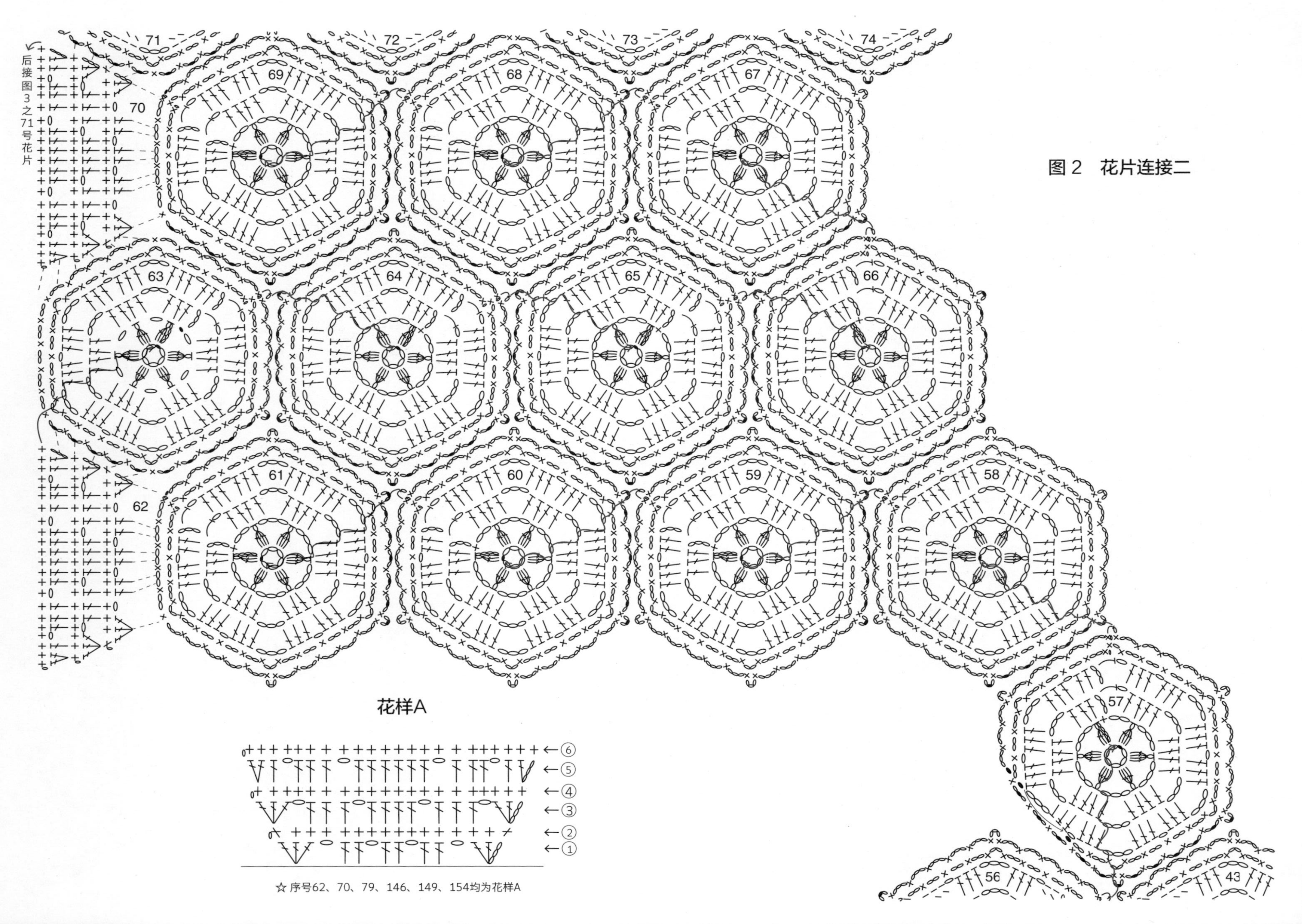
图2 花片连接二
后接图3之71号花片
花样A
☆序号62、70、79、146、149、154均为花样A

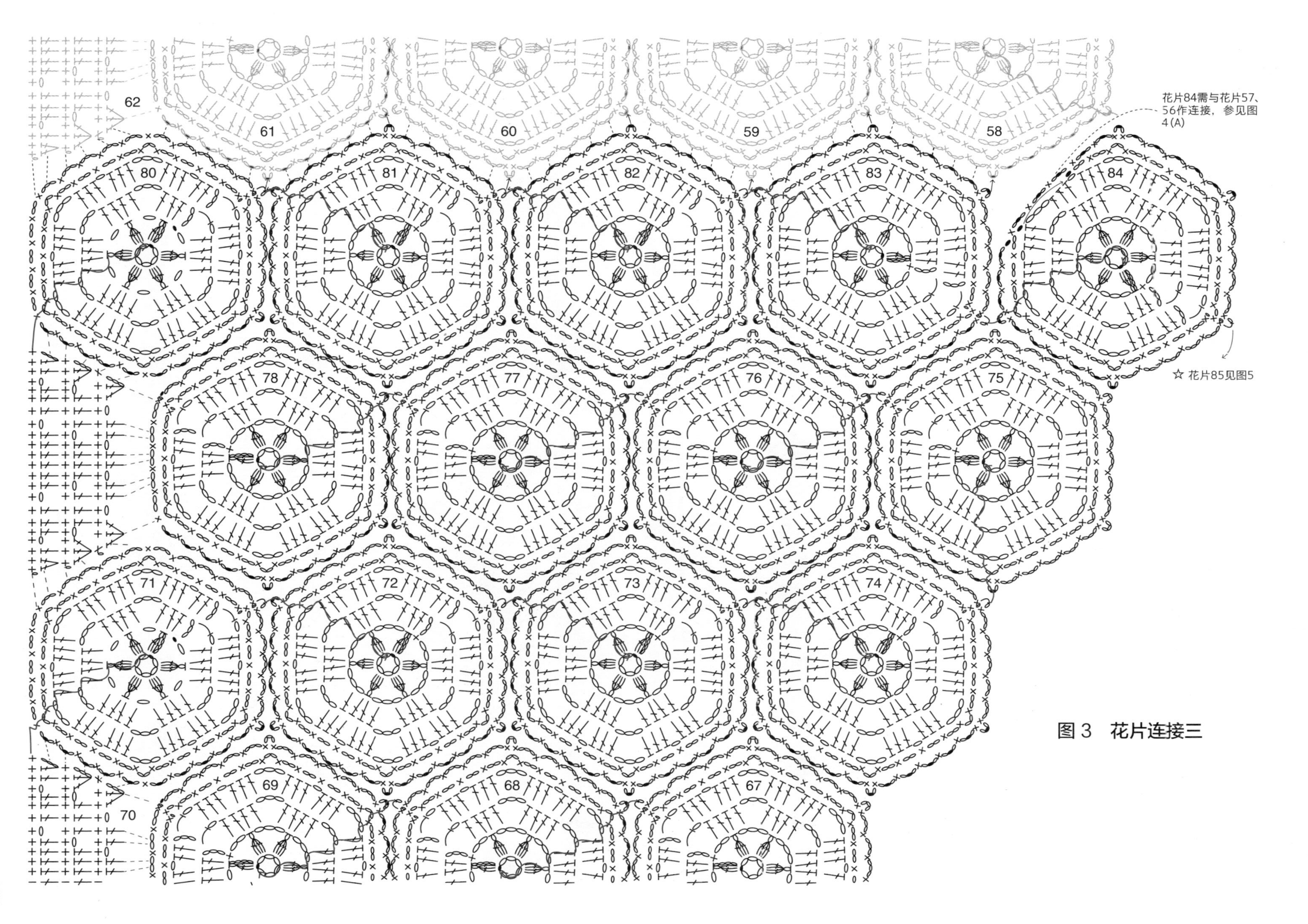

62
61
60
59
58
花片84需与花片57、56作连接，参见图4(A)
80
81
82
83
84
☆花片85见图5
78
77
76
75
71
72
73
74
69
68
67
70

图3　花片连接三

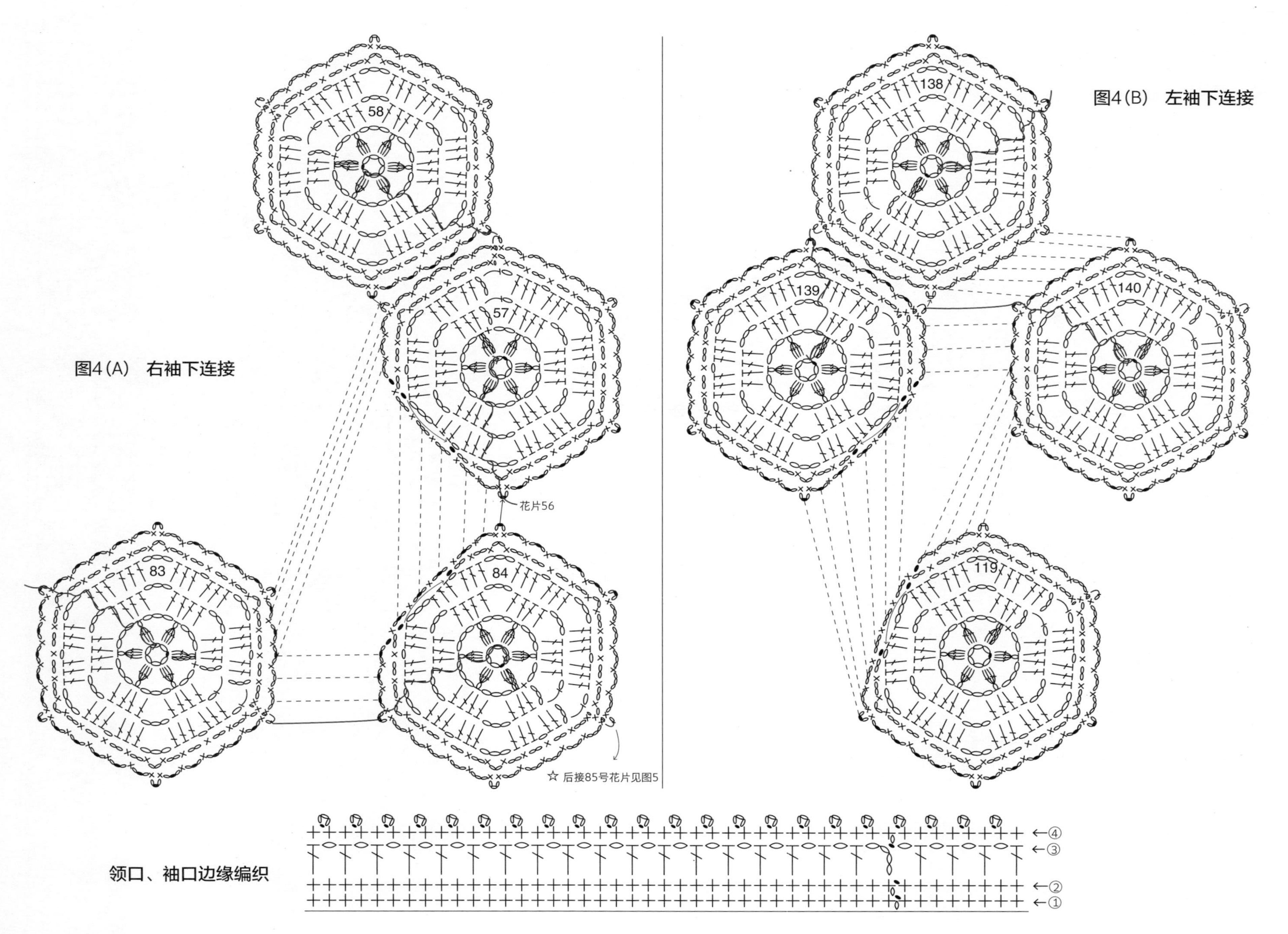

图4(A) 右袖下连接

图4(B) 左袖下连接

领口、袖口边缘编织

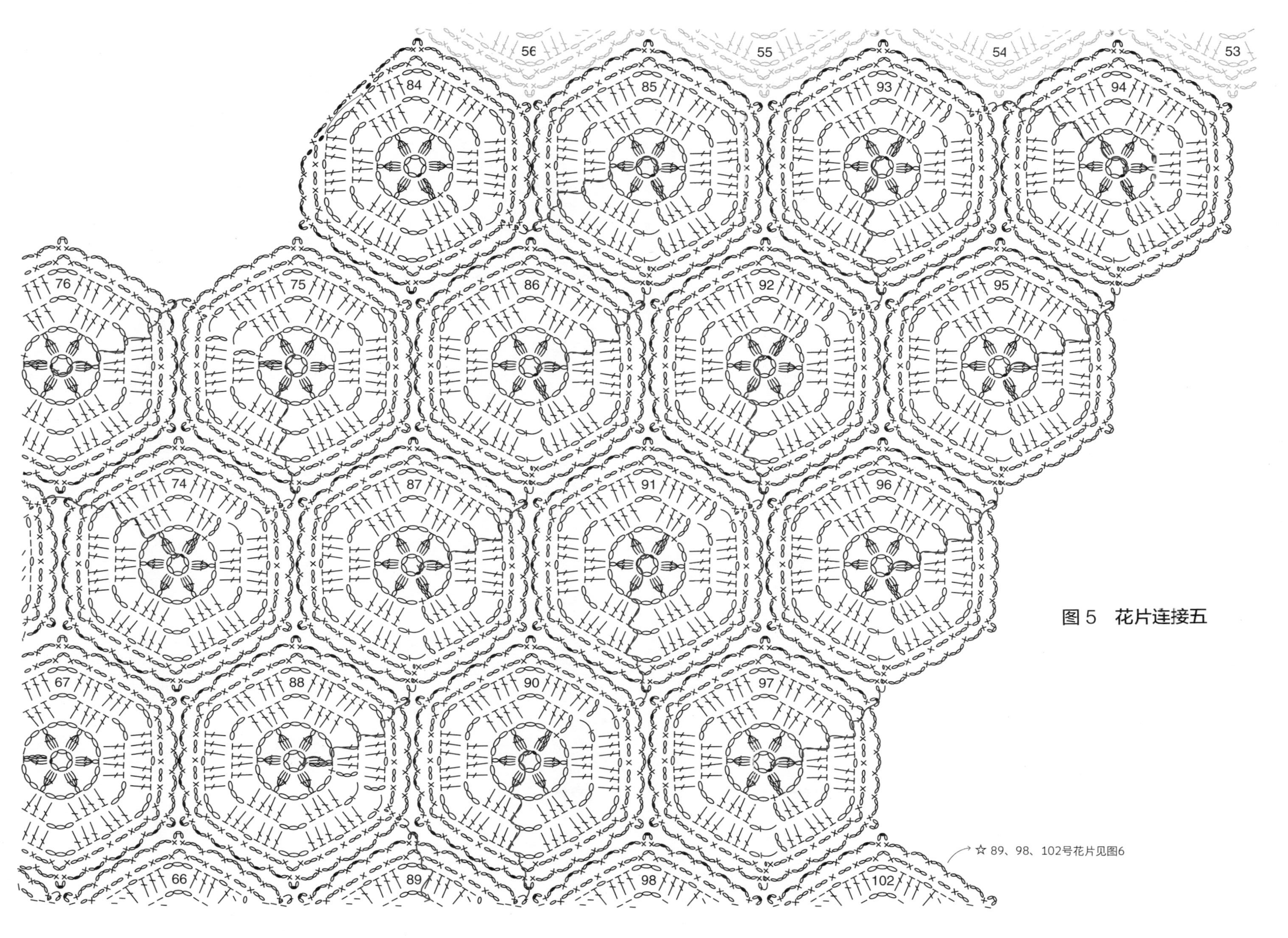
56
55
54
53
84
85
93
94
76
75
86
92
95
74
87
91
96
67
88
90
97
☆89、98、102号花片见图6
66
89
98
102

图5 花片连接五

☆107号花片见图7
☆88、90、97号花片见图5
107
106
105
103
102
101
104
97
98
100
90
99
89
57
88
58
47
46
45
44
43
图6 花片连接六

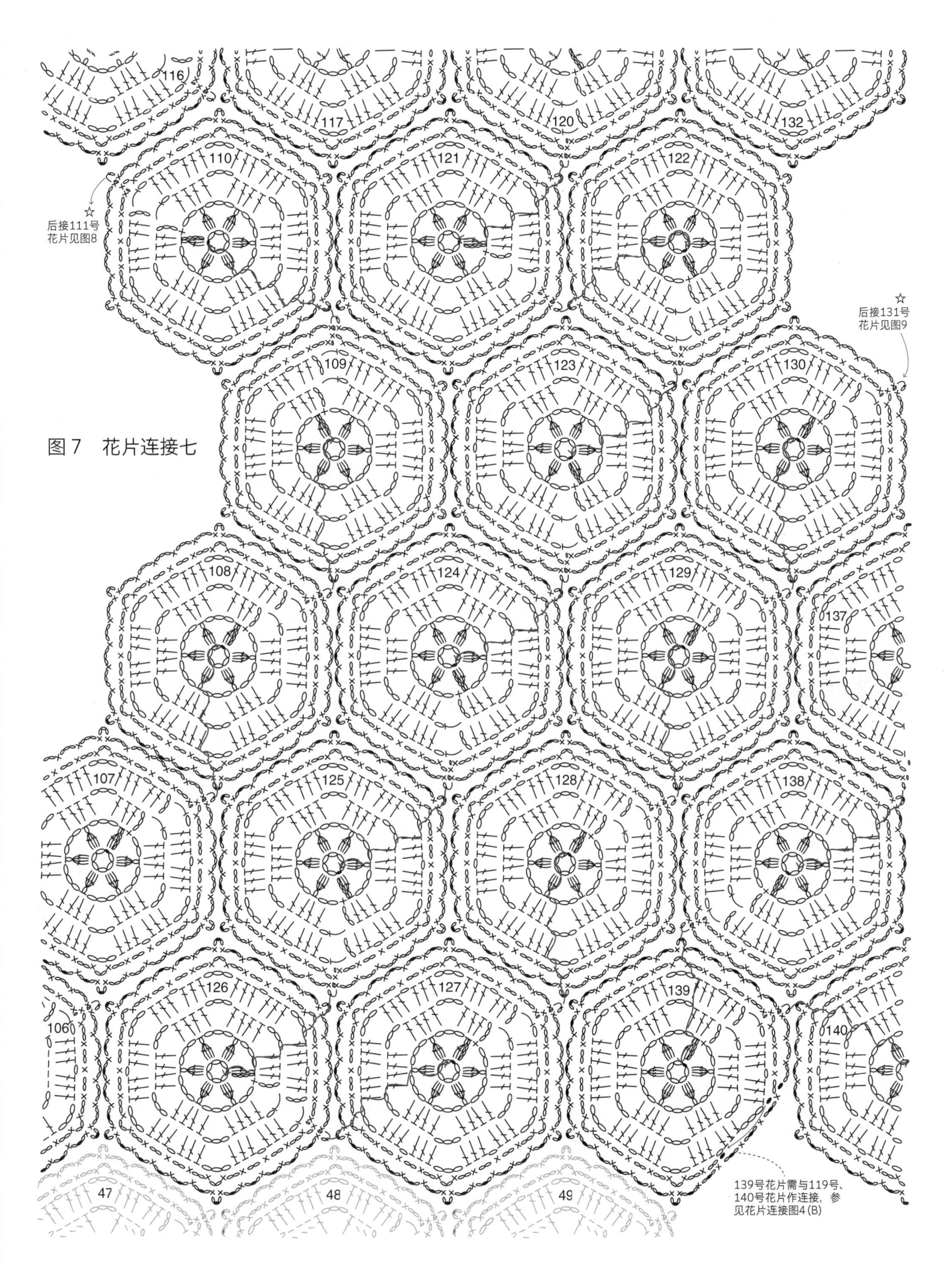
116
117
120
132
110
121
122
☆
后接111号
花片见图8
☆
后接131号
花片见图9
109
123
130
108
124
129
137
107
125
128
138
106
126
127
139
140
47
48
49
139号花片需与119号、
140号花片作连接，参
见花片连接图4(B)
图7　花片连接七

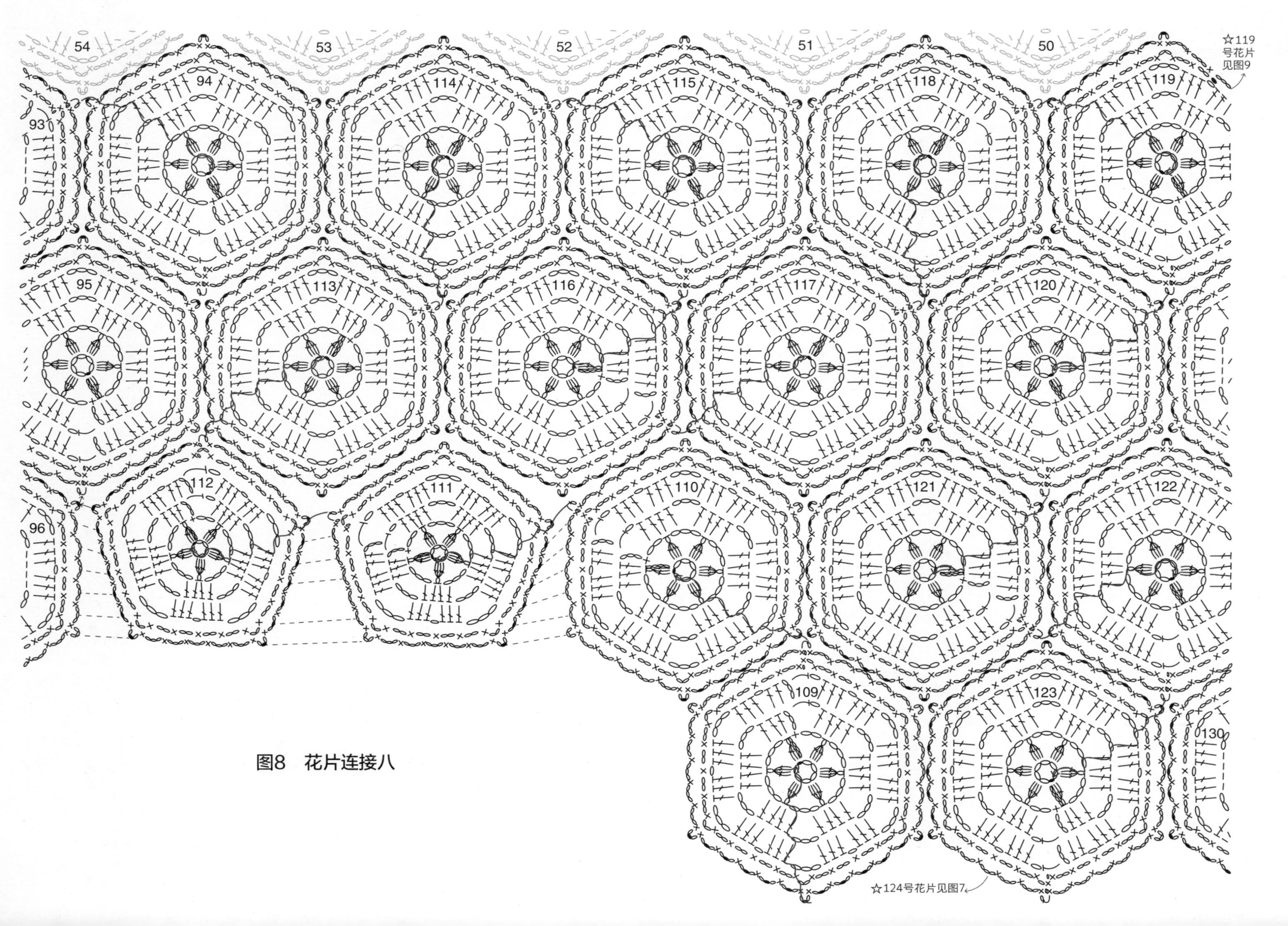
54
53
52
51
50
☆119号花片见图9
94
114
115
118
119
93
95
113
116
117
120
112
111
110
121
122
96
109
123
130
☆124号花片见图7

图8　花片连接八

图9　花片连接九

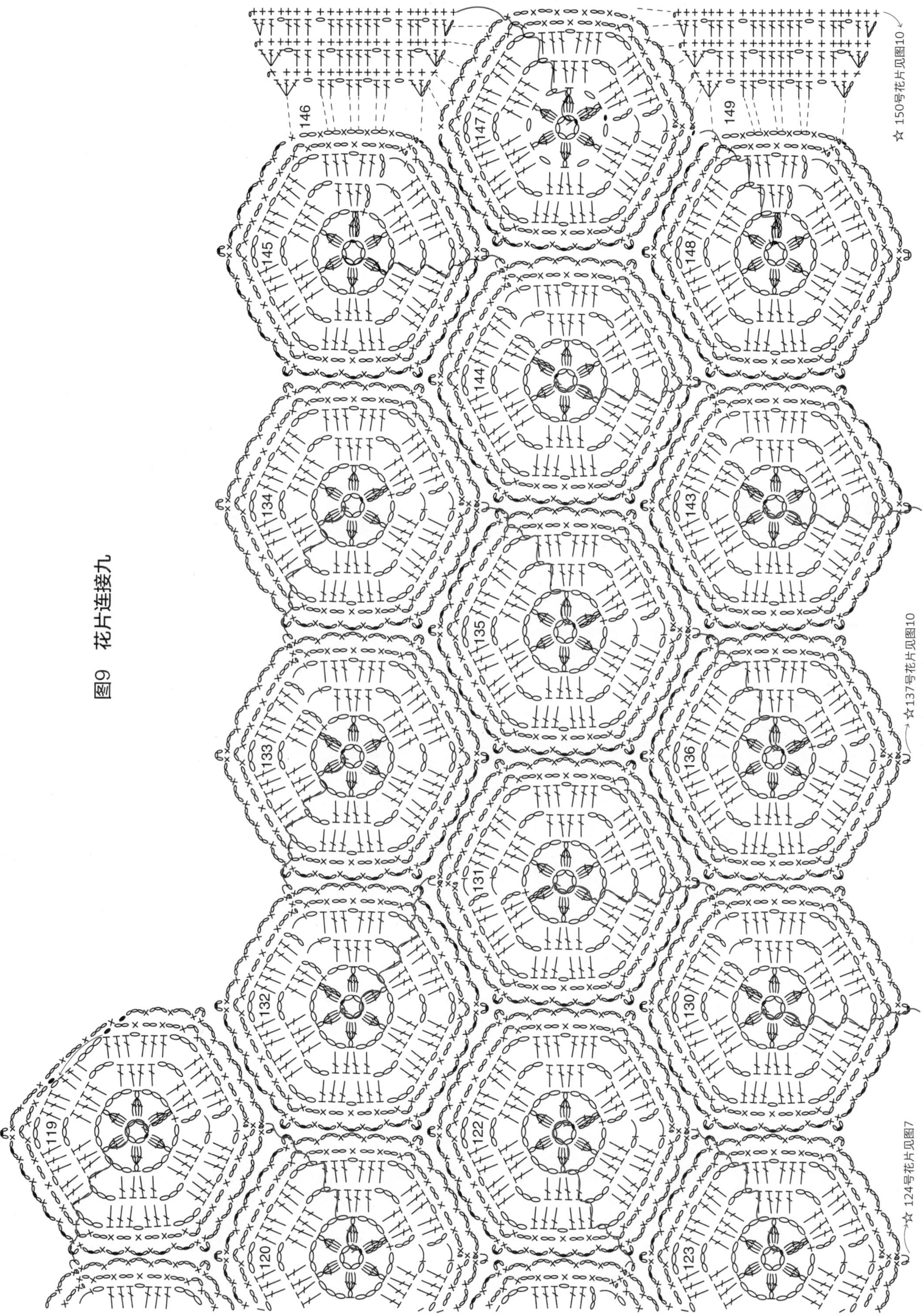

119
120　132　133　134　145　146
122　131　135　144　147
123　130　136　143　148　149

☆124号花片见图7

☆137号花片见图10

☆150号花片见图10

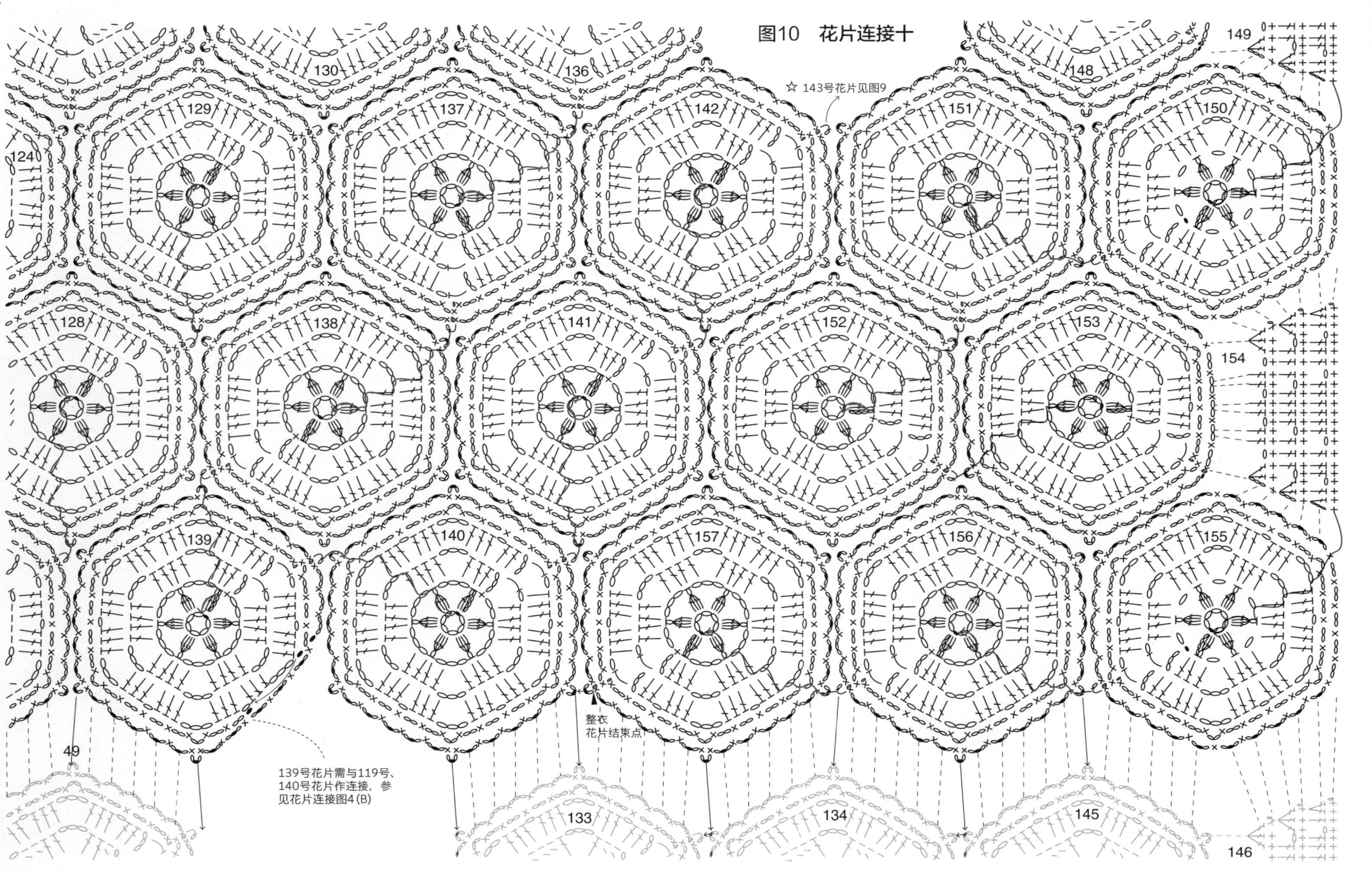
图10　花片连接十
☆ 143号花片见图9
149
130
136
148
129
137
142
151
150
124
128
138
141
152
153
154
139
140
157
156
155
整衣
花片结束点
49
139号花片需与119号、
140号花片作连接，参
见花片连接图4(B)
133
134
145
146

14 – 两件套：两种花片结合的斜摆短裙

P.27

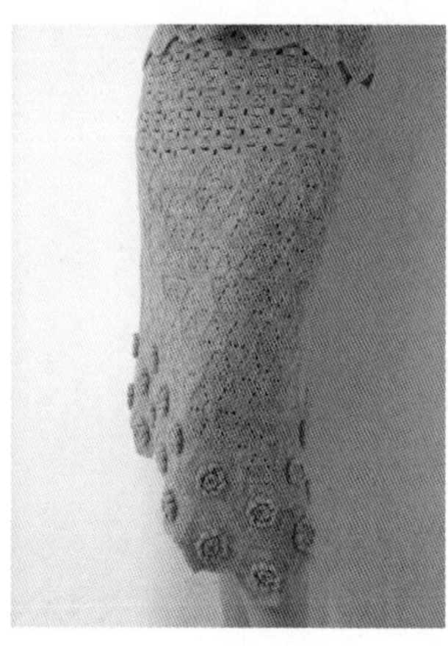

材料

意大利 Sesia 羊驼 6012 色 325 克

工具

钩针 5/0 号

成品尺寸

腰围 74 cm，裙长 74 cm

编织密度

花片 A/B：7.5 cm × 8 cm

花样 B：10 cm × 10 cm 面积内 29 针 16 行

编织要点

1. 按花片序号不断线连续编织，花片连接详见图 1~ 图 5，其中花样 A，也与花片一起连续编织，最后一排标有★的花片（85~91），需与第一排花片作连接，完成裙子主体。
2. 接着圈钩花样 B 部分，花样 B 一共 29 行，作三段变化的分散减针，注意每一段的变化，详见图 6。
3. 不断线直接钩织裙子腰头，详见裙子腰头编织。
4. 整理熨烫编织完成的裙子，注意立体花不要熨扁。

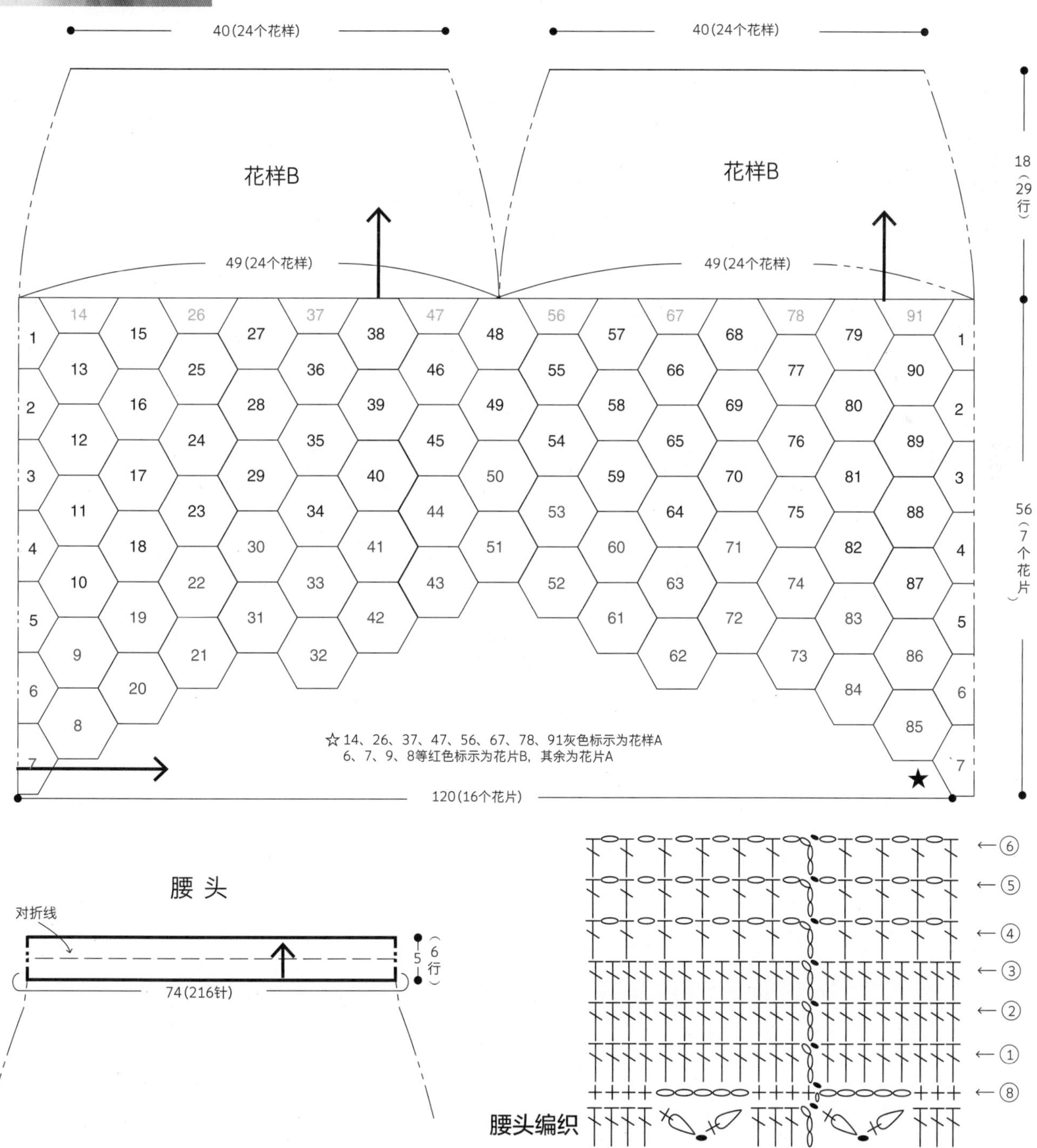

☆花片11、23、34同花片12

花片4、18、30见图2

图1 裙子花片连接一

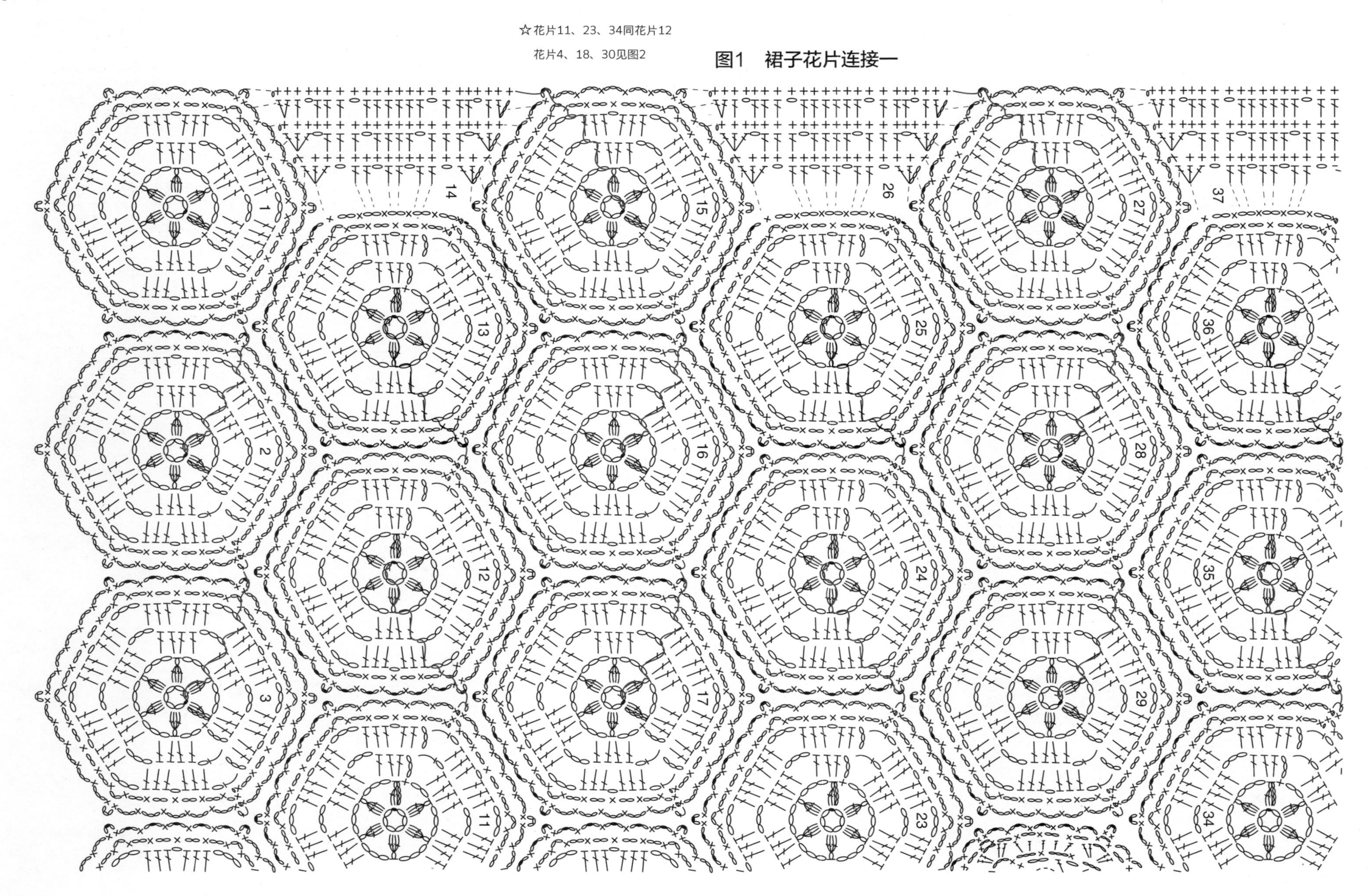

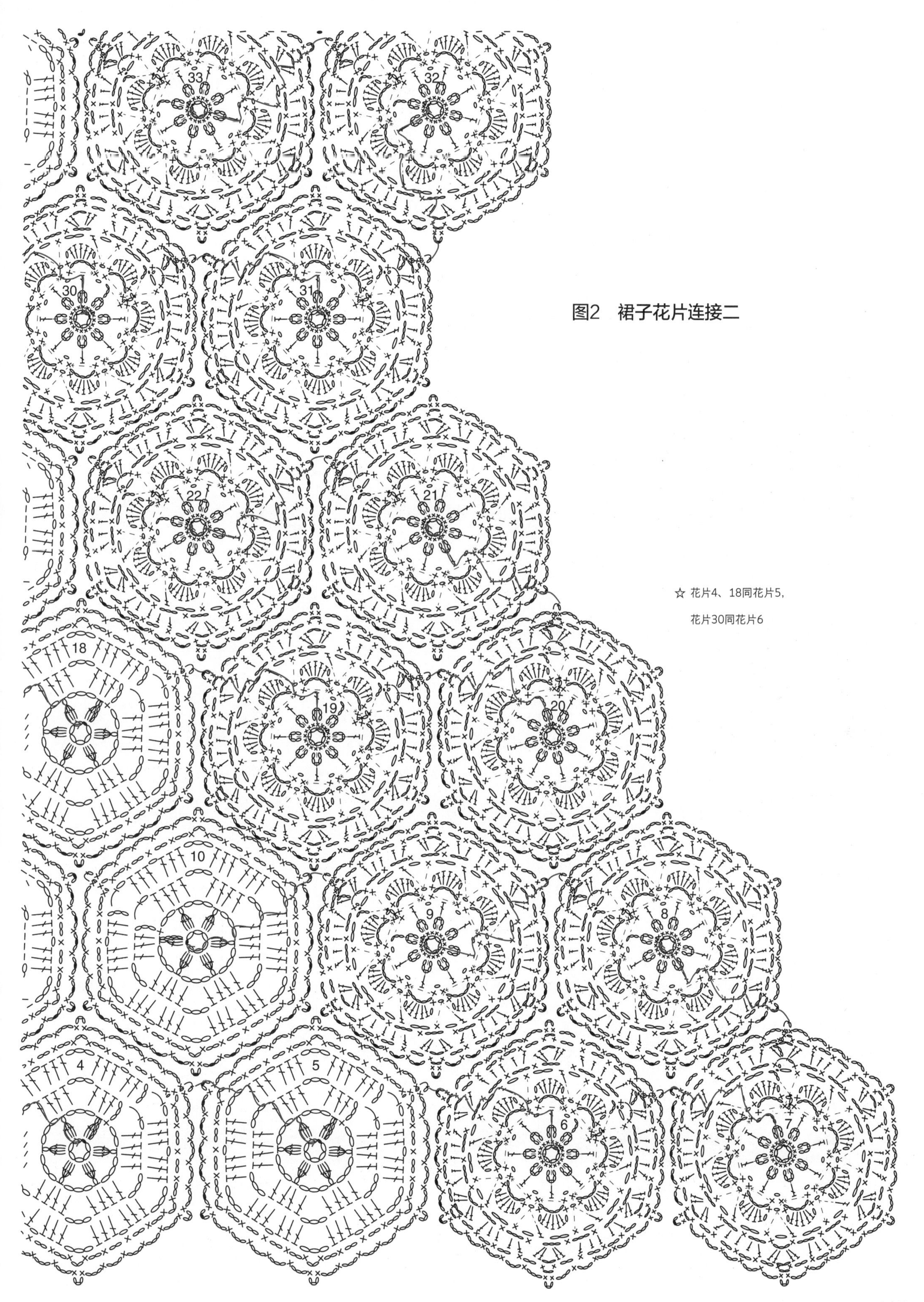

图2　裙子花片连接二

☆ 花片4、18同花片5，
花片30同花片6

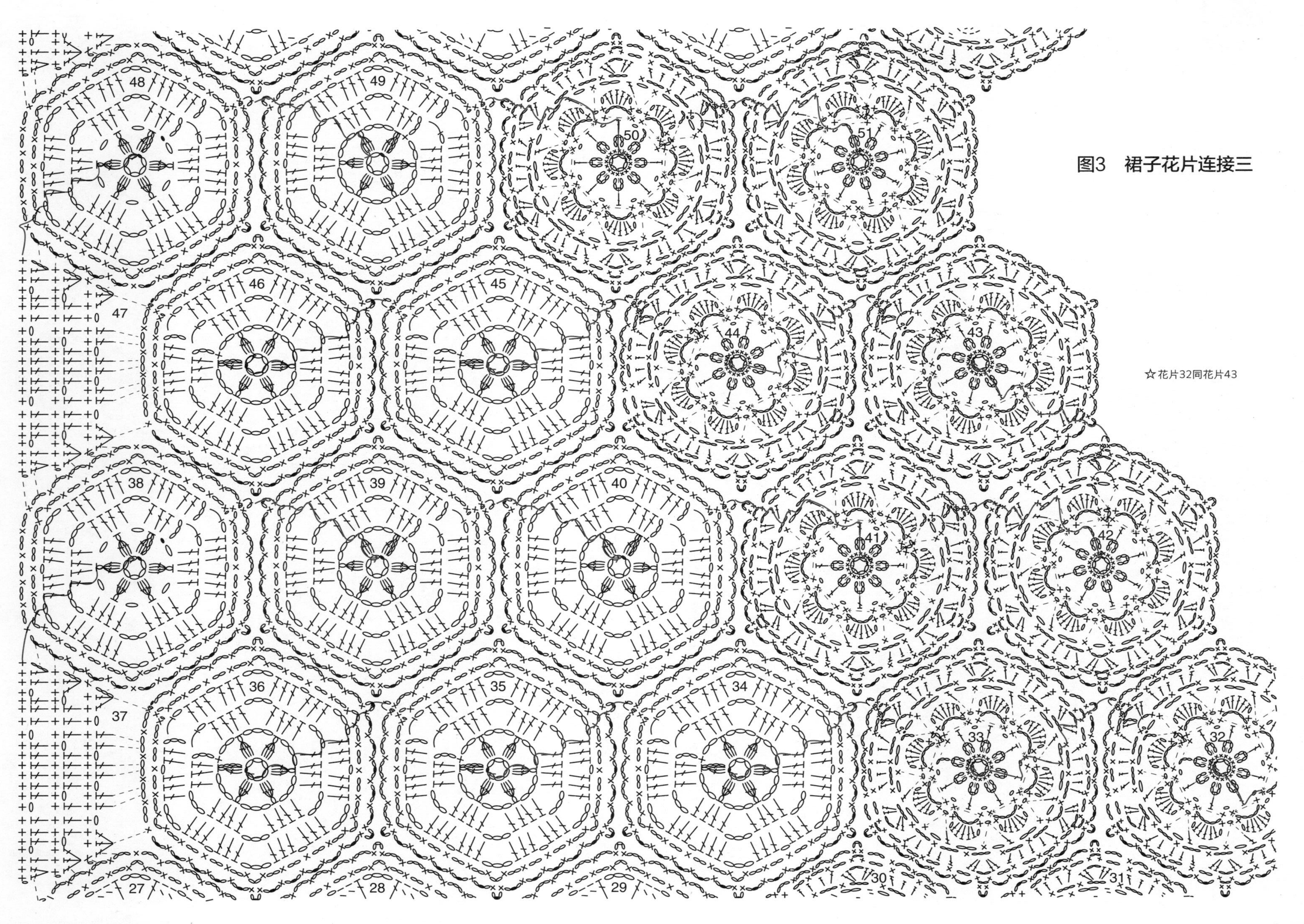
图3　裙子花片连接三
☆花片32同花片43
48
49
50
51
47
46
45
44
43
38
39
40
41
42
37
36
35
34
33
32
27
28
29
30
31

68
69
70
71
72
66
65
64
63
62
67
57
58
59
60
61
☆花片
62同52
55
54
53
52
56
48
49
50
51

图 4　裙子花片连接四

图5 裙子花片连接五
☆花片76、77同75
花片80、81同82
花片89、90同88

图6 花样B

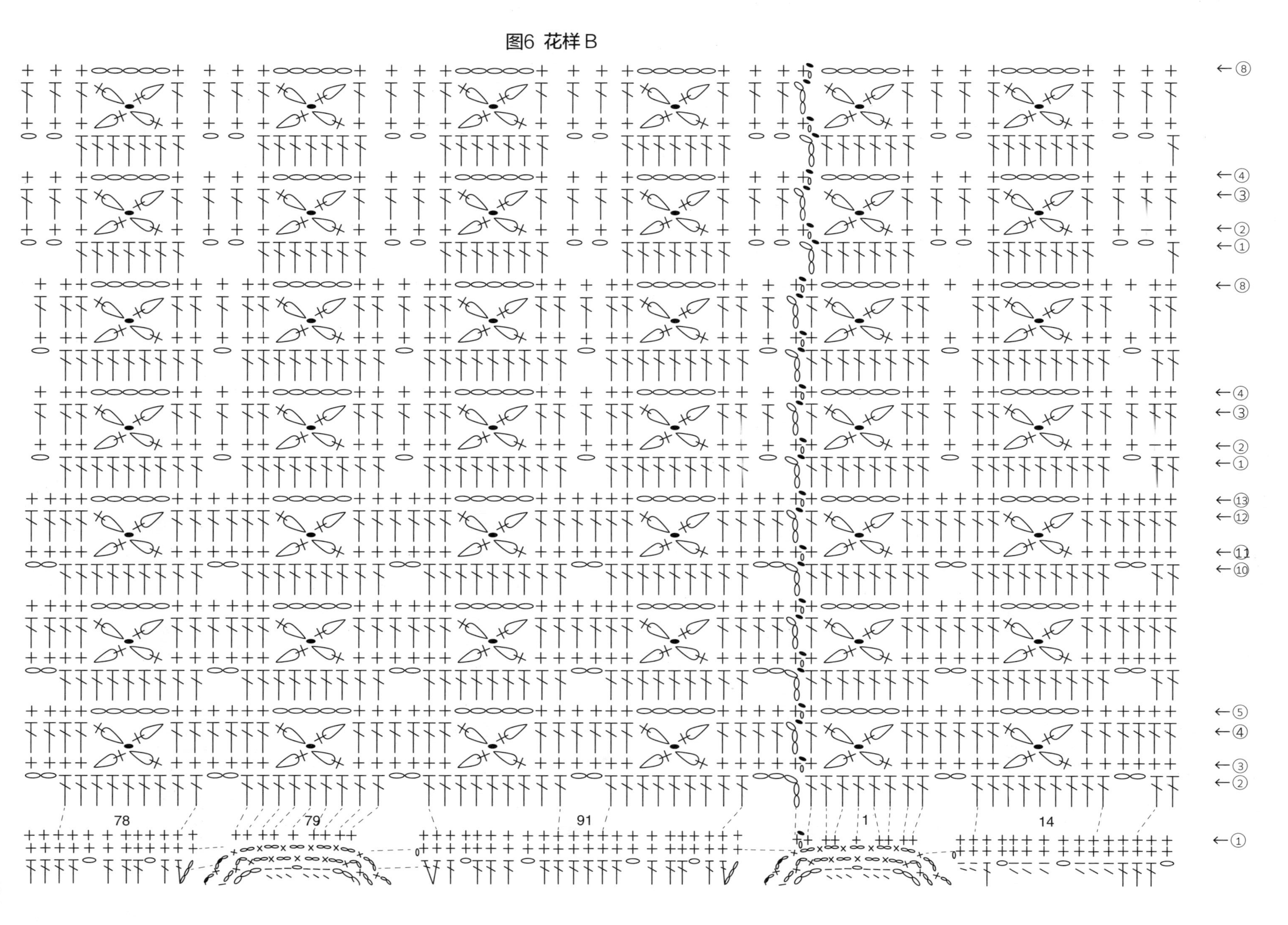

15 P.28 – 设计探索之两种不同花形的围巾

材料
意大利 sesia 羊驼 6012 色 120 克

工具
钩针 5/0 号

成品尺寸
宽度 20 cm，长度 112 cm

编织密度
花片 A：8 cm × 8 cm
花片 B：8 cm × 8 cm

编织要点
按花片序号不断线连续钩织，花片连接方法参见图 1~ 图 2。

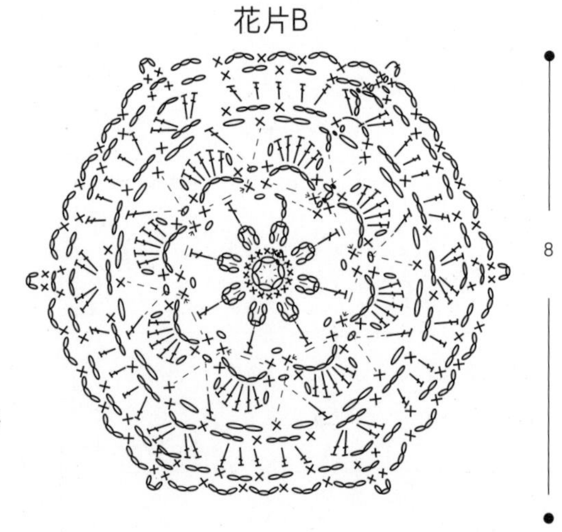

花片A与花片B大小相同，详见花片连接图

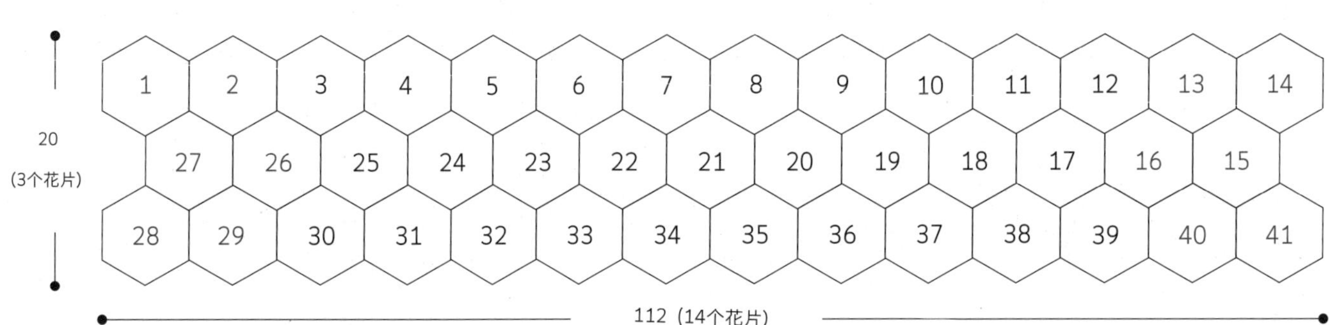

1、2、26、27等红色标注为花片B，其余为花片A

（下接123页）

23/24 P.34 – 相同设计不同线材的菱形杯垫一 / 二

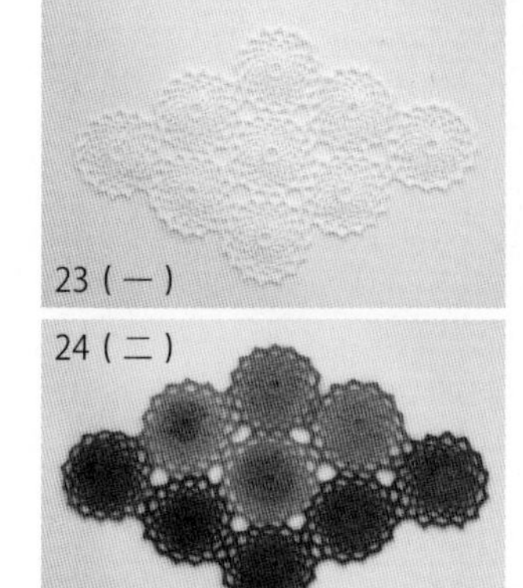

材料
杯垫一：Olympus Emmy Grande
851 色 50 克
杯垫二：嫦兮意大利羊驼蕾丝
110 色 30 克

工具
钩针 4/0 号、2/0 号

成品尺寸
杯垫一：长 35 cm，宽 21 cm
杯垫二：长 40 cm，宽 24 cm

编织密度
杯垫一花片：7 cm × 7 cm
杯垫二花片：8 cm × 8 cm

编织要点
1. 按花片序号不断线连续钩织，详见花片连接图（P.140）。
2. 花片钩织完成后不断线，继续编完成边缘编织。

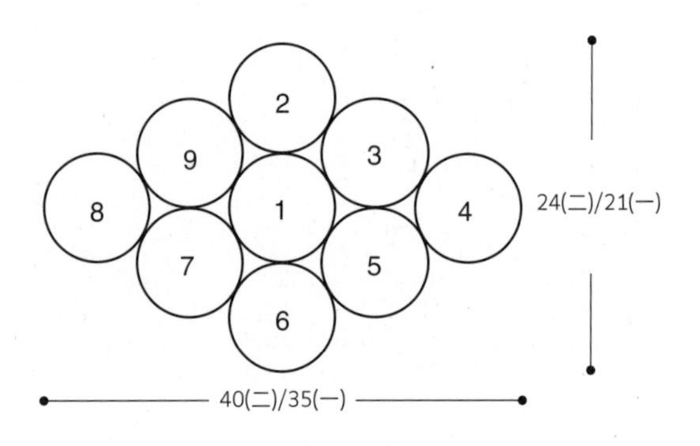

（下转140页）

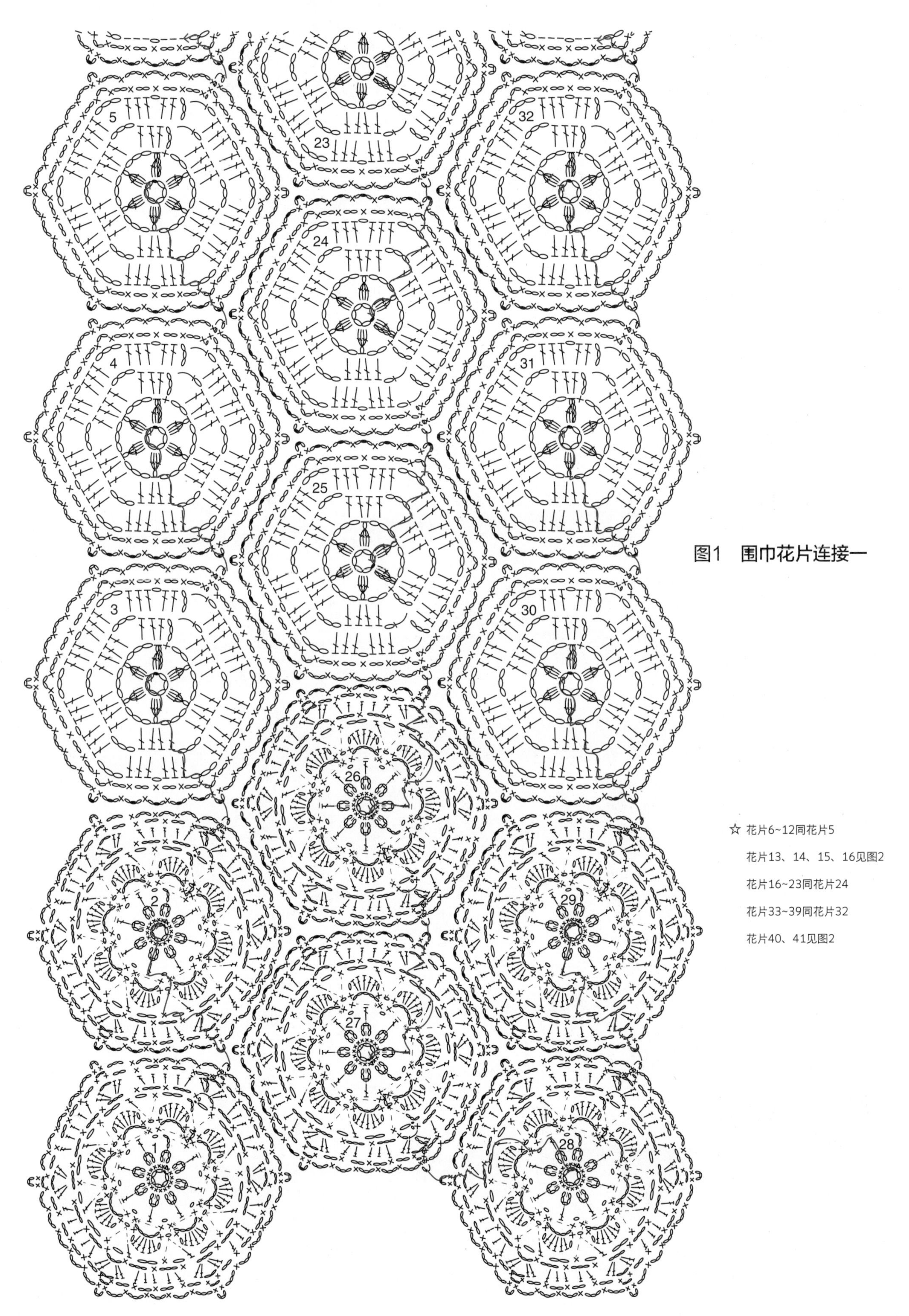

图1 围巾花片连接一

☆ 花片6~12同花片5

花片13、14、15、16见图2

花片16~23同花片24

花片33~39同花片32

花片40、41见图2

图2　围巾花片连接二

16/17 – 设计探索之两种不同花形的贝雷帽 / 同款不同线贝雷帽

P.28/29

材料
16 意大利 Sesia 羊驼 6012 色 75 克
17 嫵兮专用意大利羊驼蕾丝 70 克

工具
16 米色线用钩针 5/0 号
17 段染线用钩针 4/0 号

成品尺寸
16 米色帽子：头围 55，帽深 19 cm
17 段染色帽子：头围 52 cm，帽深 18.5 cm

编织密度
花片 A：8 cm × 8 cm
花片 B：8 cm × 8 cm

编织要点
1. 按花片序号不断线连续钩织，花片连接方法详见图 1~ 图 3。
2. 不断线继续钩织帽口边缘，完成作品。

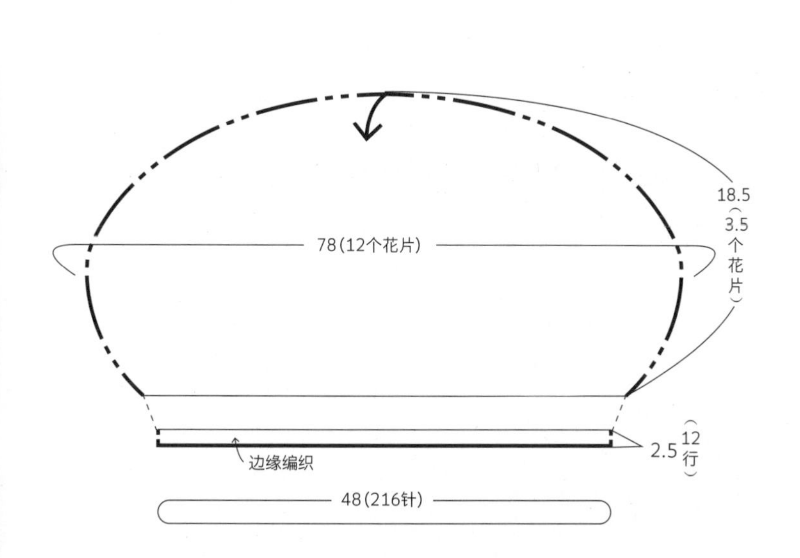

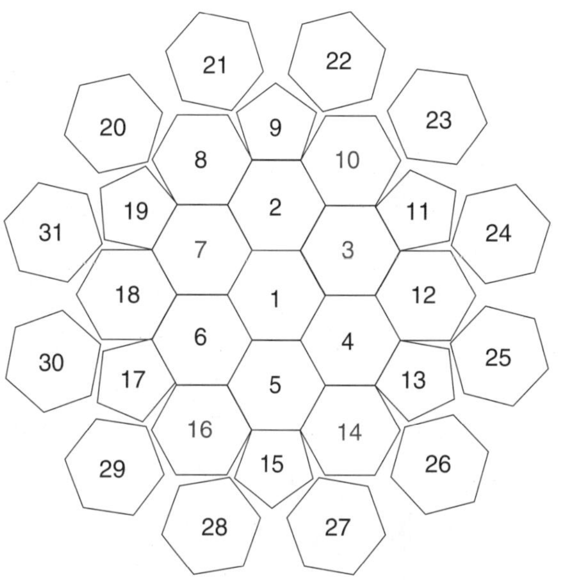

3、7、10、14、16红色标示为花片B，其余为花片A

帽口的边缘编织

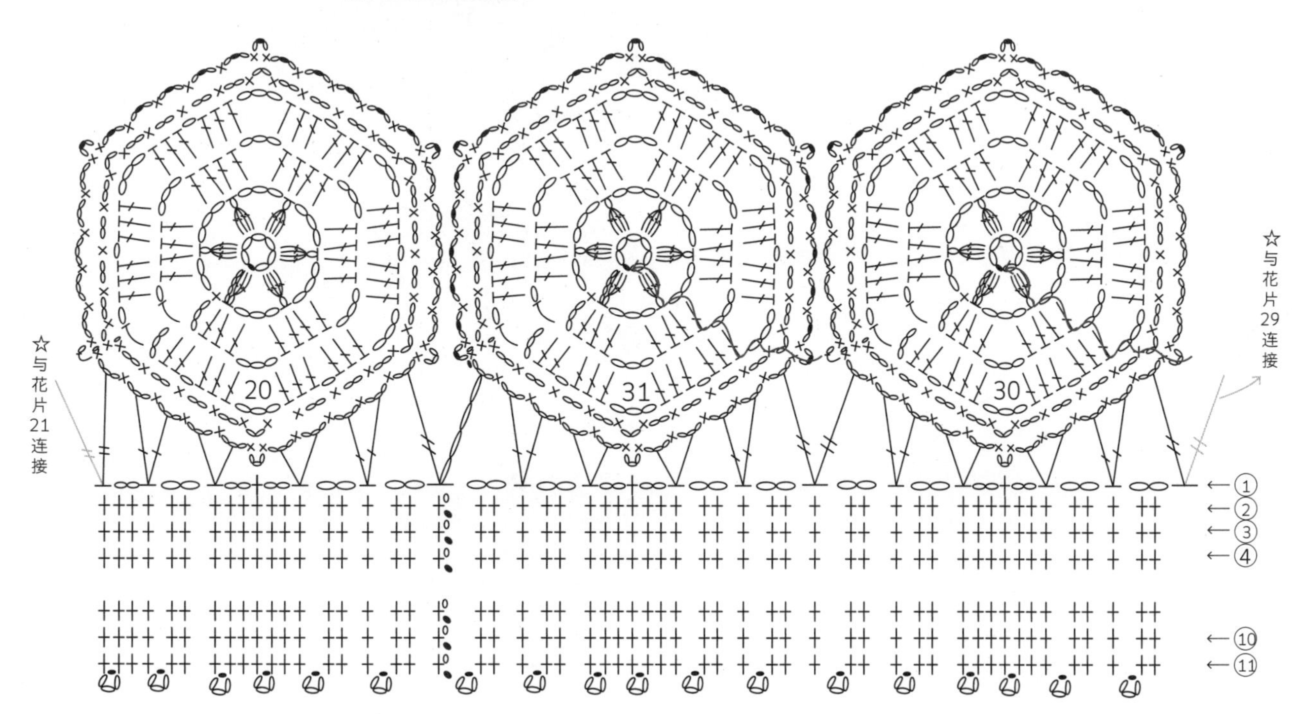

图1 帽子花片连接一

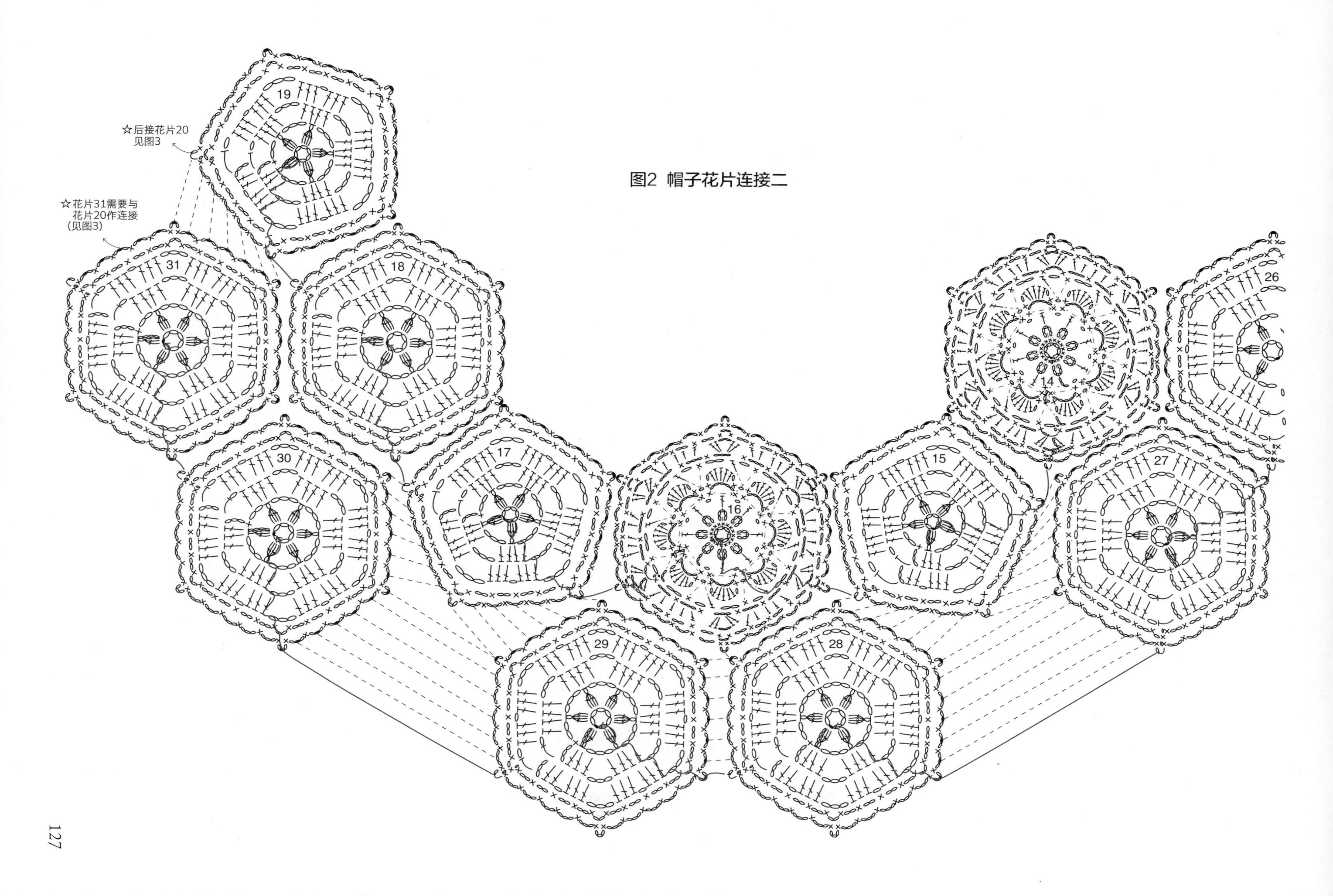
☆后接花片20
见图3
☆花片31需要与
花片20作连接
(见图3)
图2 帽子花片连接二
19
31
18
26
14
30
17
16
15
27
29
28

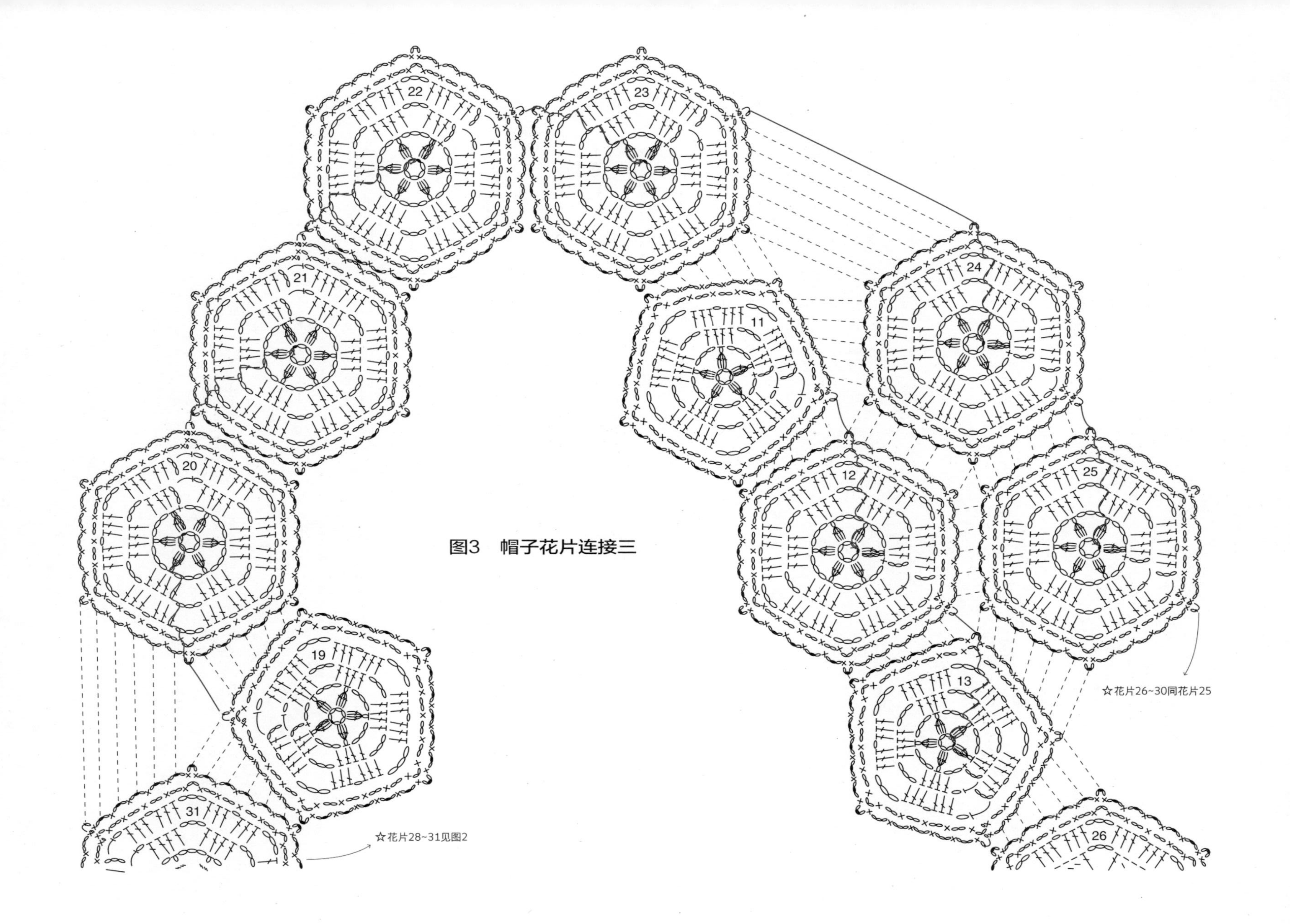

图3　帽子花片连接三

18 – 设计探索之与贝雷帽配套的手套

P.29

材料

嬿兮专用意大利羊驼 101 色 40 克

工具

钩针 4/0 号、3/0 号

成品尺寸

宽 18 cm，长 17 cm

编织密度

花片 A：6 cm × 7 cm

花片 B：6 cm × 7 cm

编织要点

1. 按花片序号不断线连续钩织，花片连接方法详见手套花片连接图。注意：将花片 3 和花片 1 作拼接。
2. 继续不断线圈钩袖口边缘编织。
3. 另接新线，换 3/0 号钩针，在手指位置钩 1 行修饰边。

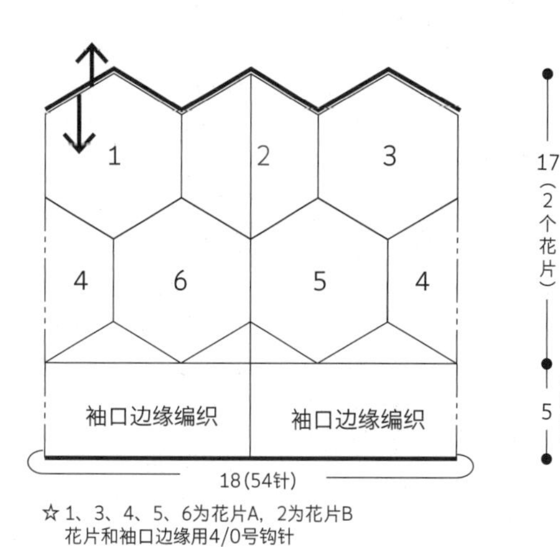

☆1、3、4、5、6为花片A，2为花片B
花片和袖口边缘用4/0号钩针

手套花片连接

1
2
3
6
5
4
花片6
☆与花片4连接

袖口边缘编织

19/20/21 – 有趣的变化餐垫一 / 二 / 三

P.30—P.31

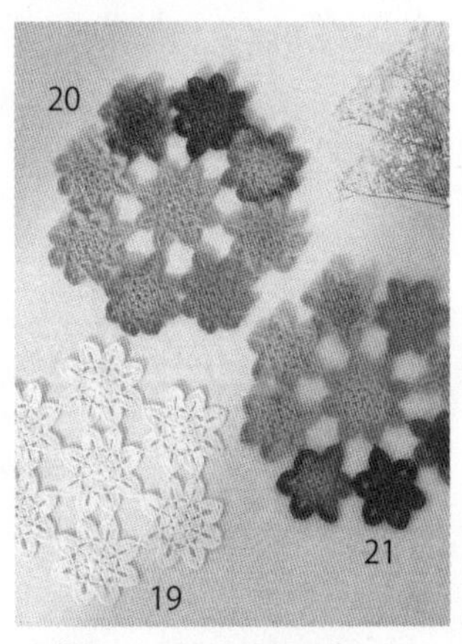

19 餐垫一：7 个花片的组合
20 餐垫二：9 个花片的组合
21 餐垫三：八角花与六角花的组合

材料

Olympus Emmy Grande
851 色 30 克
嬿兮专用意大利羊驼蕾丝
307 色 50 克

工具与配件

钩针 2/0 号、4/0 号

成品尺寸

见图

编织密度

八角花片：9 cm × 9 cm
六角花片：8 cm × 8 cm

编织要点

按花片序号不断线连续钩织，详见花片连接图。

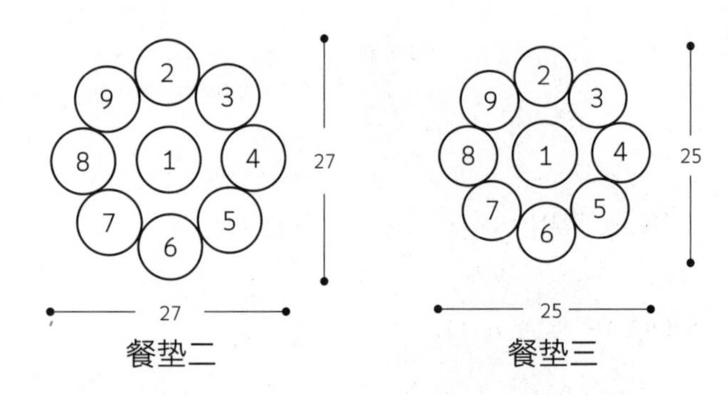

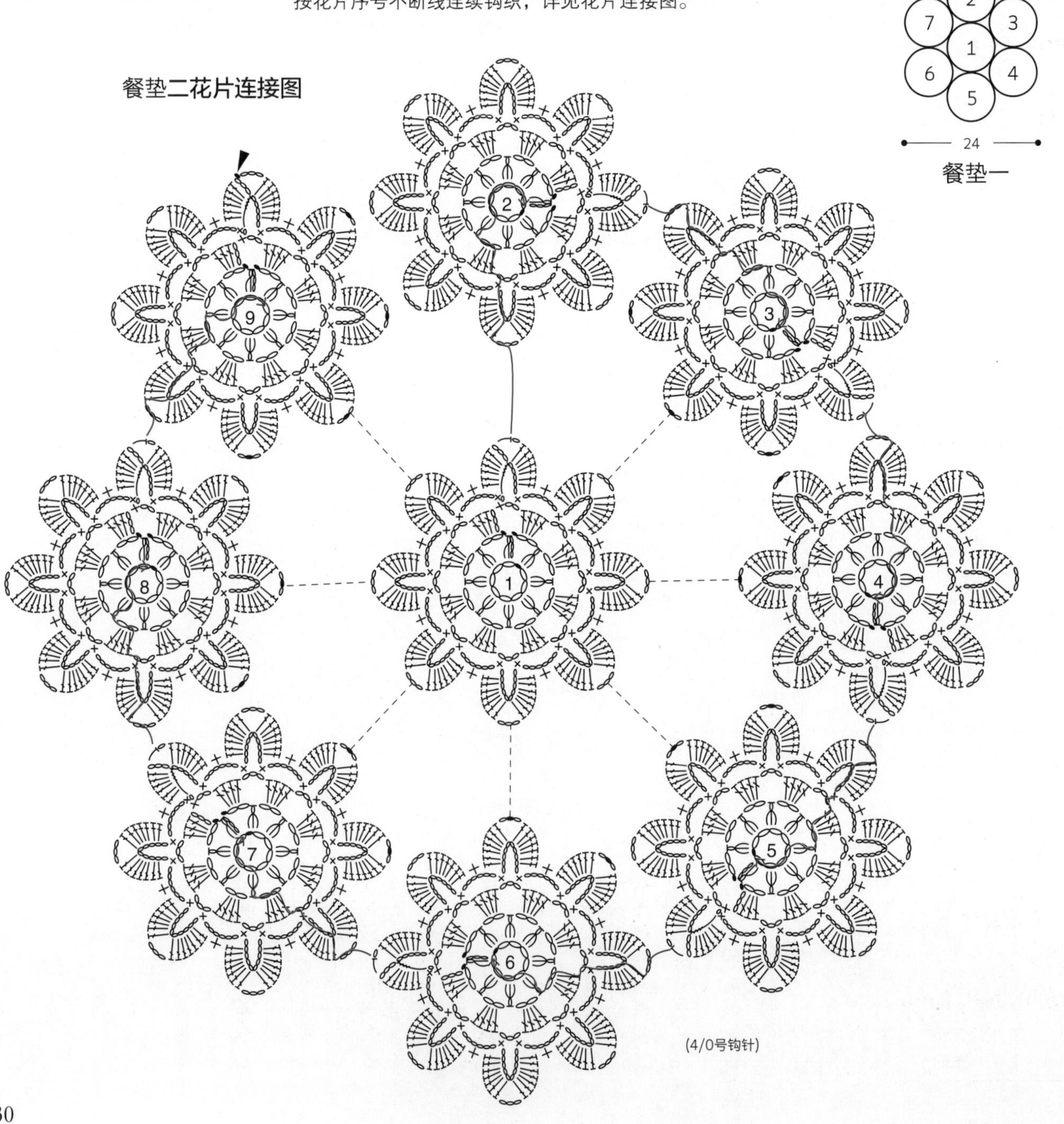

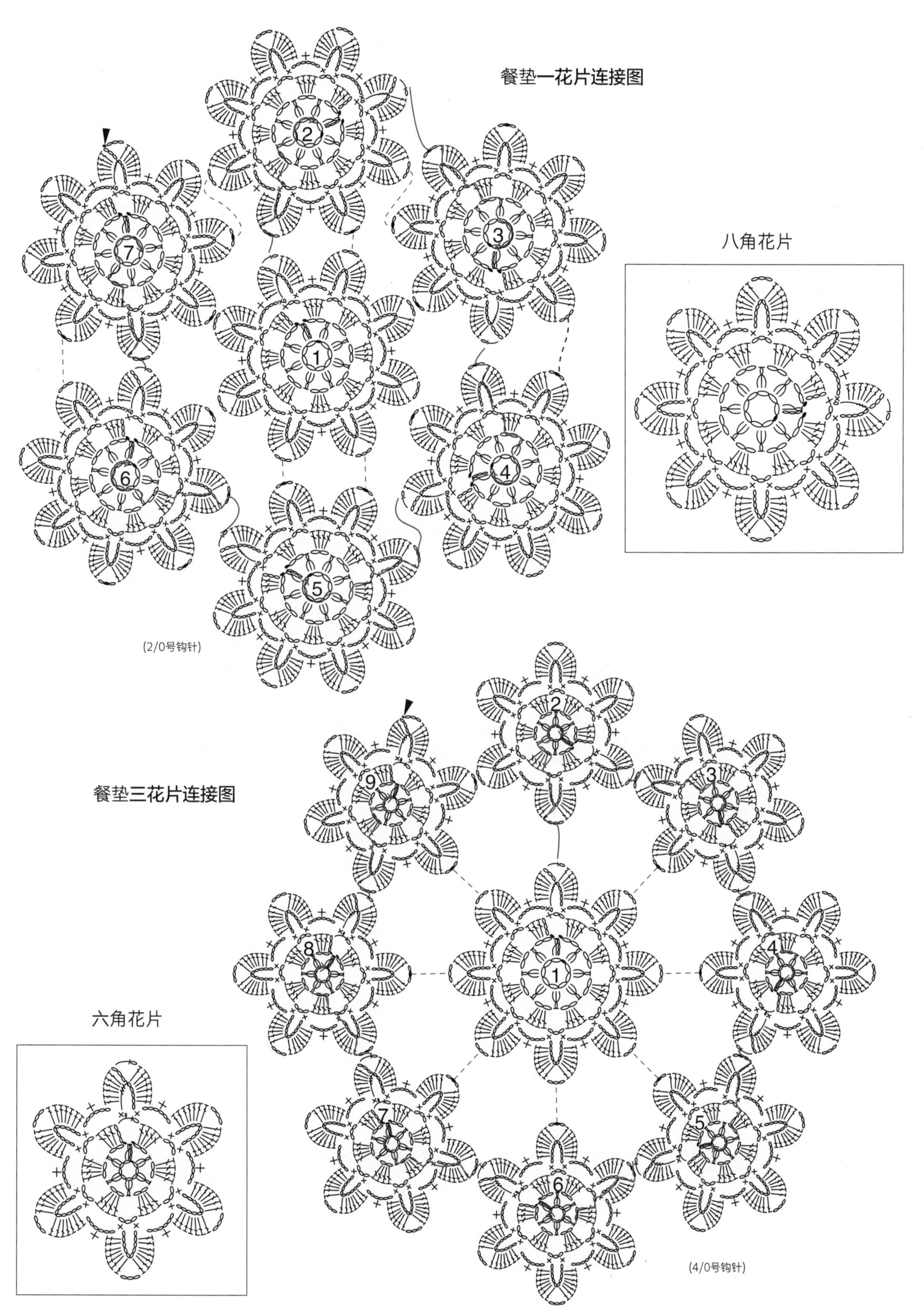
餐垫一花片连接图
1
2
3
4
5
6
7
八角花片
(2/0号钩针)
餐垫三花片连接图
1
2
3
4
5
6
7
8
9
六角花片
(4/0号钩针)

22 – 前后两穿七分袖开襟外套

P.33

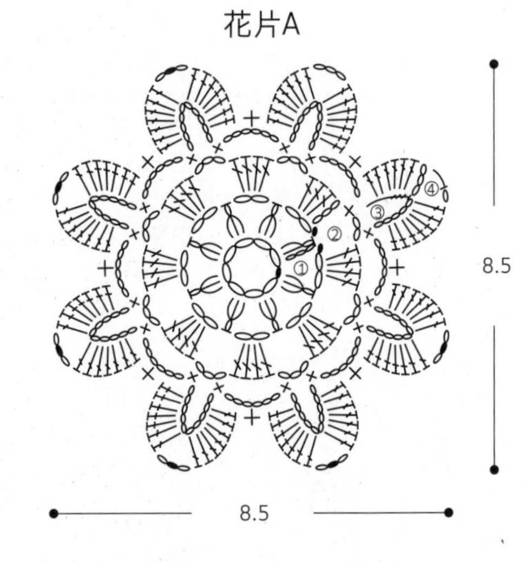

材料

Olympus Emmy Grande

812 号色 376 克

工具

钩针 2/0 号

成品尺寸

胸围 100，衣长 55 cm

编织密度

花片 A：8.5 cm × 8.5 cm

花片 B：5 cm × 5 cm

编织要点

1. 按花片序号不断线连续钩编，详见花片连接图 1~ 图 7，注意相同合印记号的连接。
2. 整衣完成后，蒸汽熨烫整理即可。

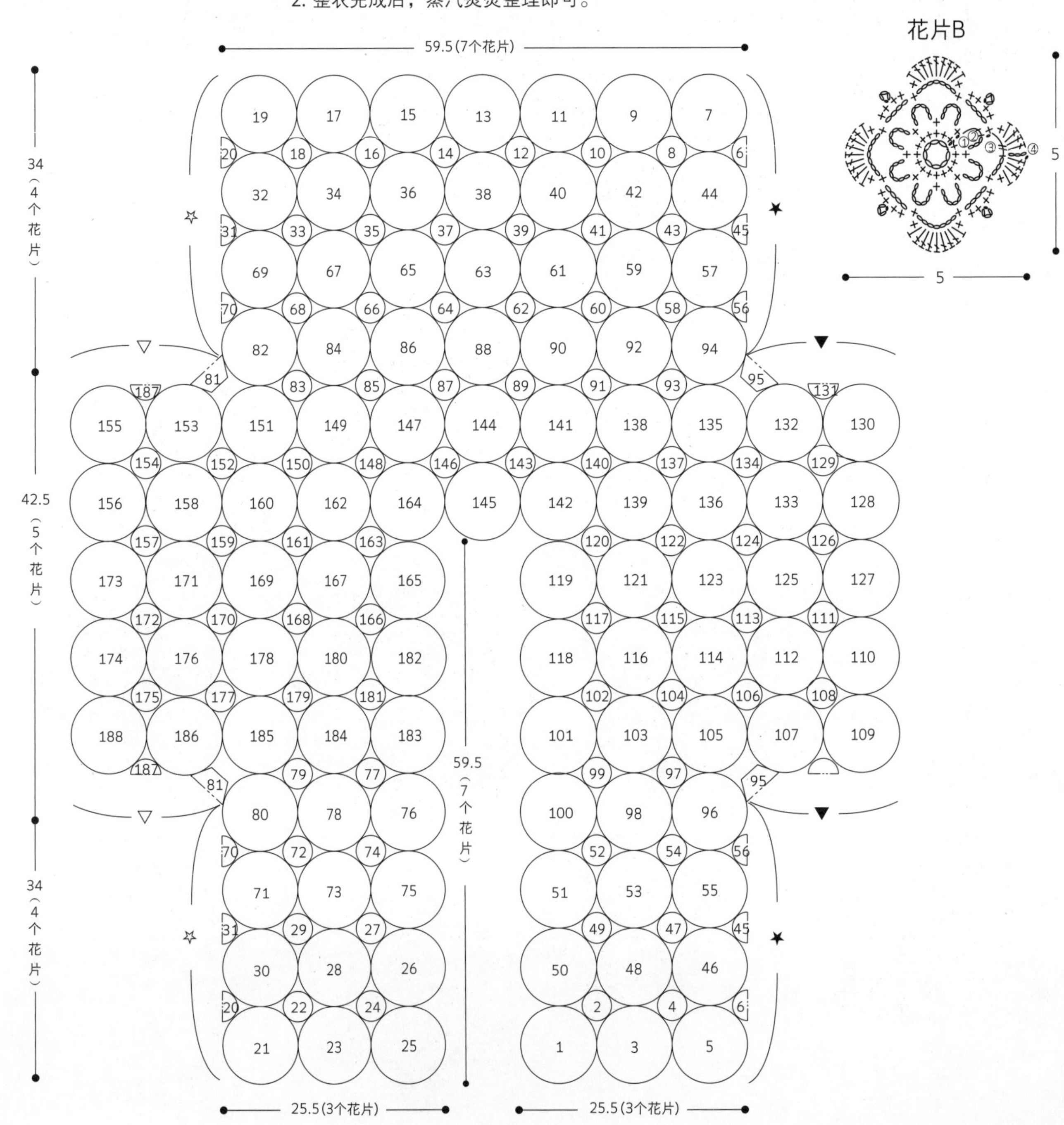

图1 花片连接一

☆ 花片4~21同花片2、3，花片29~46同花片27~28
花片76见图2

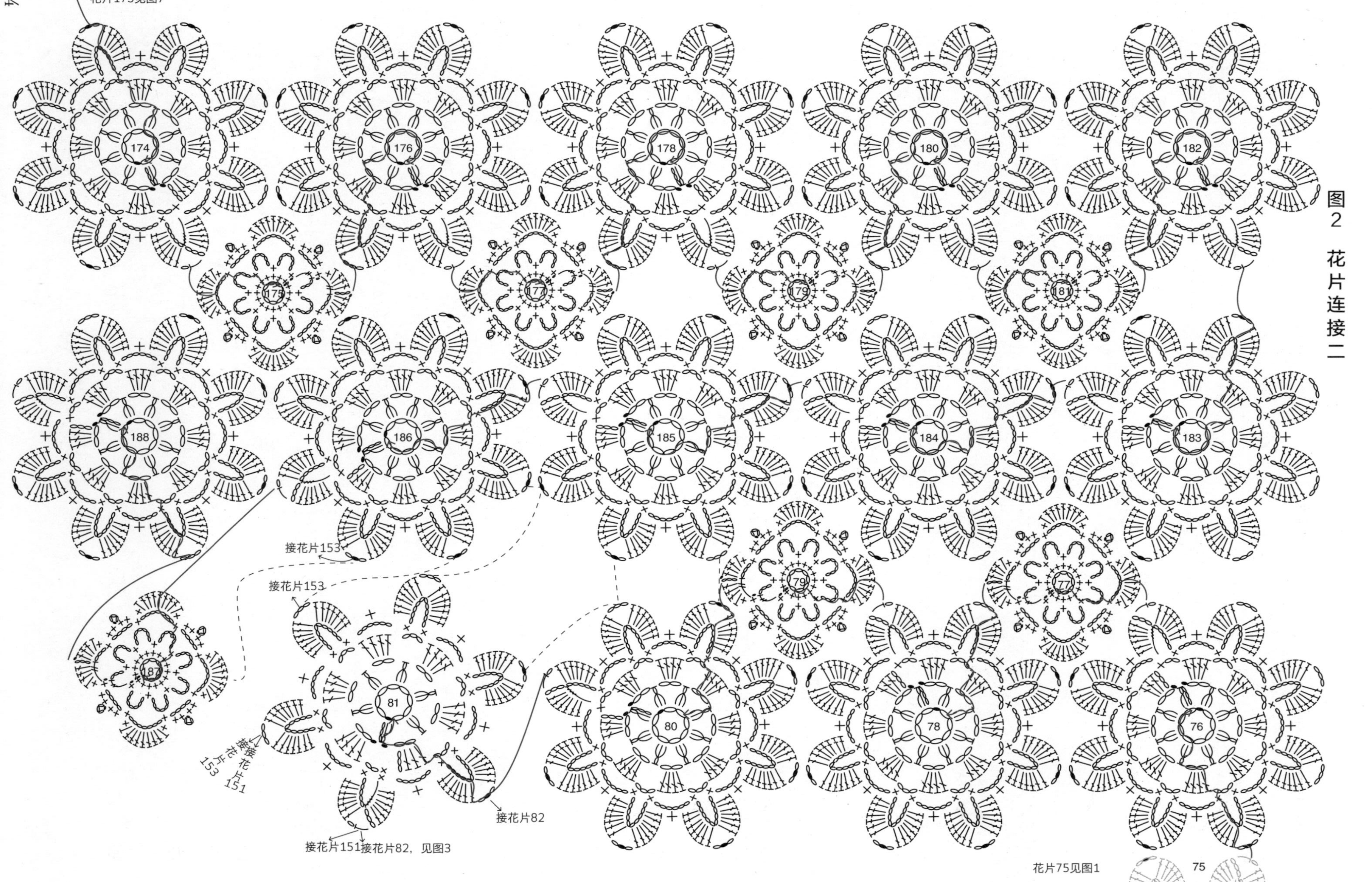

花片173见图7
174
176
178
180
182
175
177
179
181
188
186
185
184
183
接花片153
接花片153
187
81
接花片153
接花片151
接花片82
接花片151
接花片82，见图3
79
77
80
78
76
花片75见图1
75

图2　花片连接二

图3　花片连接三

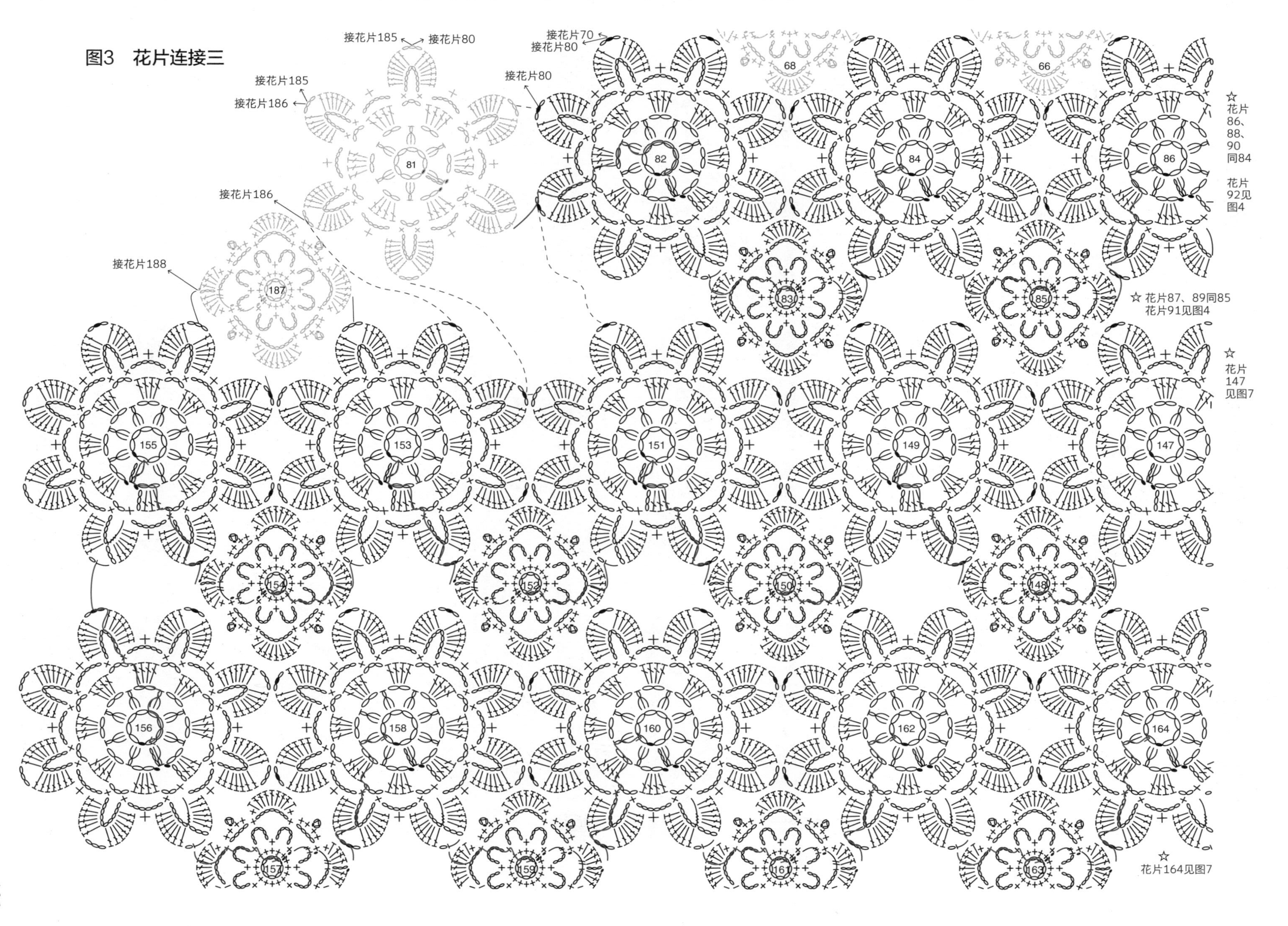
接花片185
接花片80
接花片70
接花片80
接花片185
接花片186
接花片80
接花片186
接花片188
☆花片86、88、90同84
花片92见图4
☆花片87、89同85
花片91见图4
☆花片147见图7
☆花片164见图7
81
82
84
86
66
68
83
85
187
155
153
151
149
147
154
152
150
148
156
158
160
162
164
157
159
161
163

图4　花片连接四

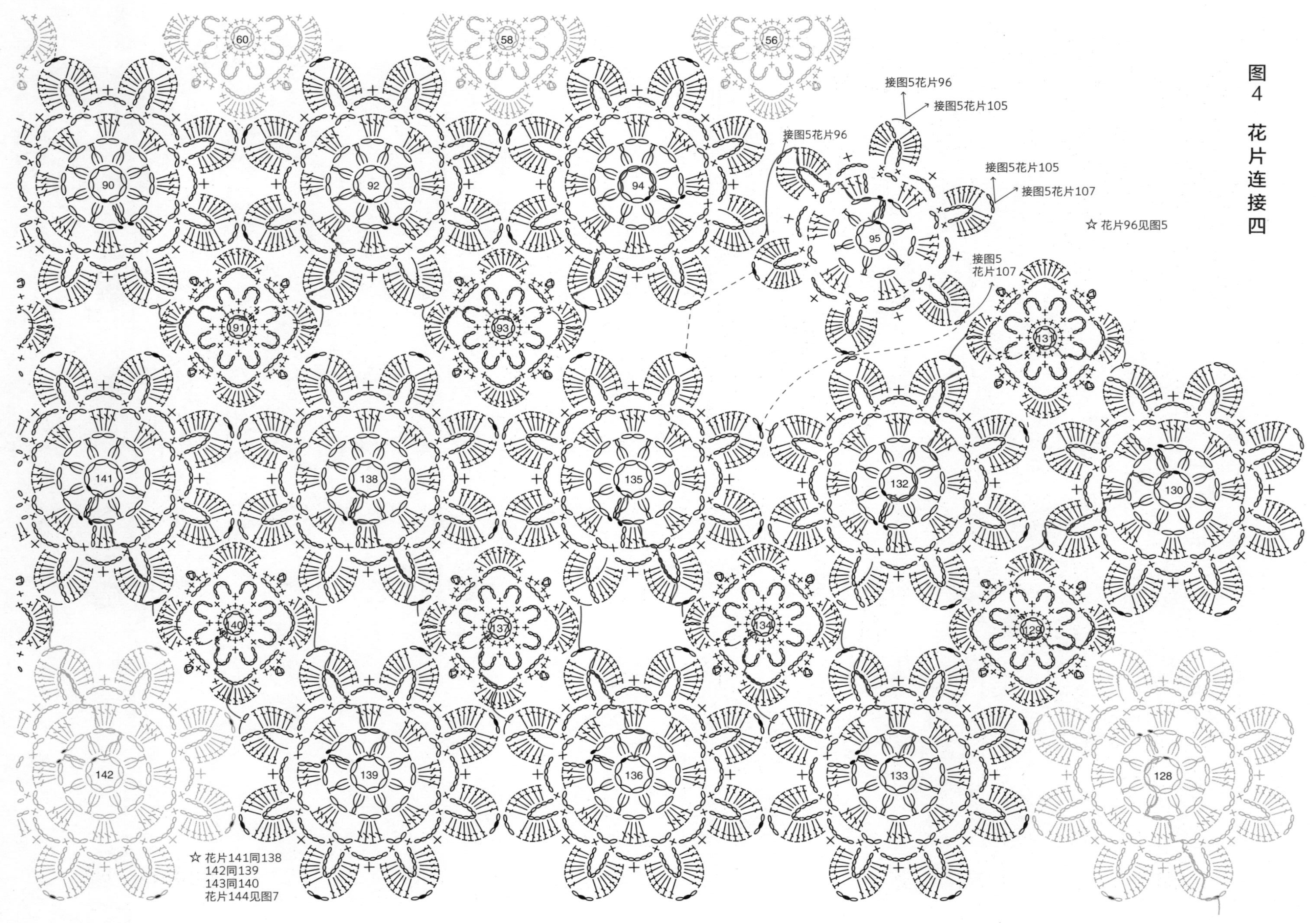
接图5花片96
接图5花片105
接图5花片96
接图5花片105
接图5花片107
☆ 花片96见图5
接图5
花片107
☆ 花片141同138
142同139
143同140
花片144见图7
60
58
56
90
92
94
95
91
93
131
141
138
135
132
130
140
137
134
129
142
139
136
133
128

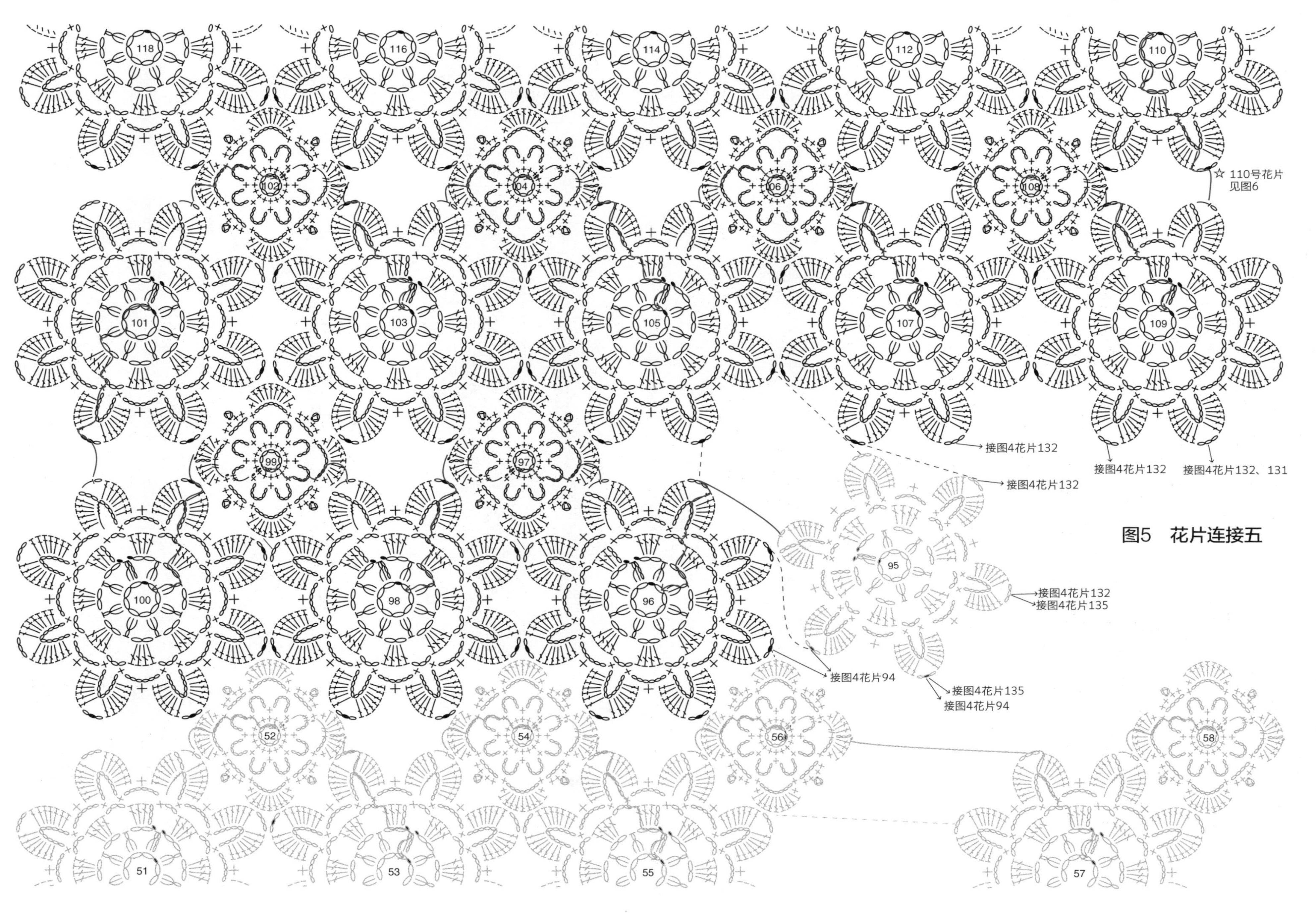

110号花片
见图6
接图4花片132
接图4花片132
接图4花片132、131
接图4花片132
图5 花片连接五
接图4花片132
接图4花片135
接图4花片94
接图4花片135
接图4花片94
118
116
114
112
110
102
104
106
108
101
103
105
107
109
99
97
95
100
98
96
52
54
56
58
51
53
55
57

图6　花片连接六

☆ 129号花片
见图4

142　139　136　133　128

120　122　124　126

119　121　123　125　127

117　115　113　111

118　116　114　112　110

☆ 花片116同114，121同123，139同136

☆ 花片144同147
花片149~162见图3
☆ 花片167、169同171
花片168、170同172
花片174见图2

图7　花片连接七

23/24 – 相同设计不同线材的菱形杯垫一 / 二

P.34

（上接 122 页）

花片连接图

(杯垫一用2/0号钩针)
(杯垫二用4/0号钩针)

25 – 三种花片拼接的蕾丝饰领

P.35

材料

Olympus Emmy Grande

160 号色 50 克

工具

钩针 2/0 号

成品尺寸

外圈 88 cm，领圈 49 cm，高 11 cm

编织密度

花片 A：7.5 cm × 7.5 cm

花片 B：7.5 cm × 7.5 cm

花片 C：2.5 cm × 2.5 cm

编织要点

1. 按花片序号作整花不断线编织，花片连接详见图 1、图 2。
2. 注意边缘部分的编织，完成整个领子。

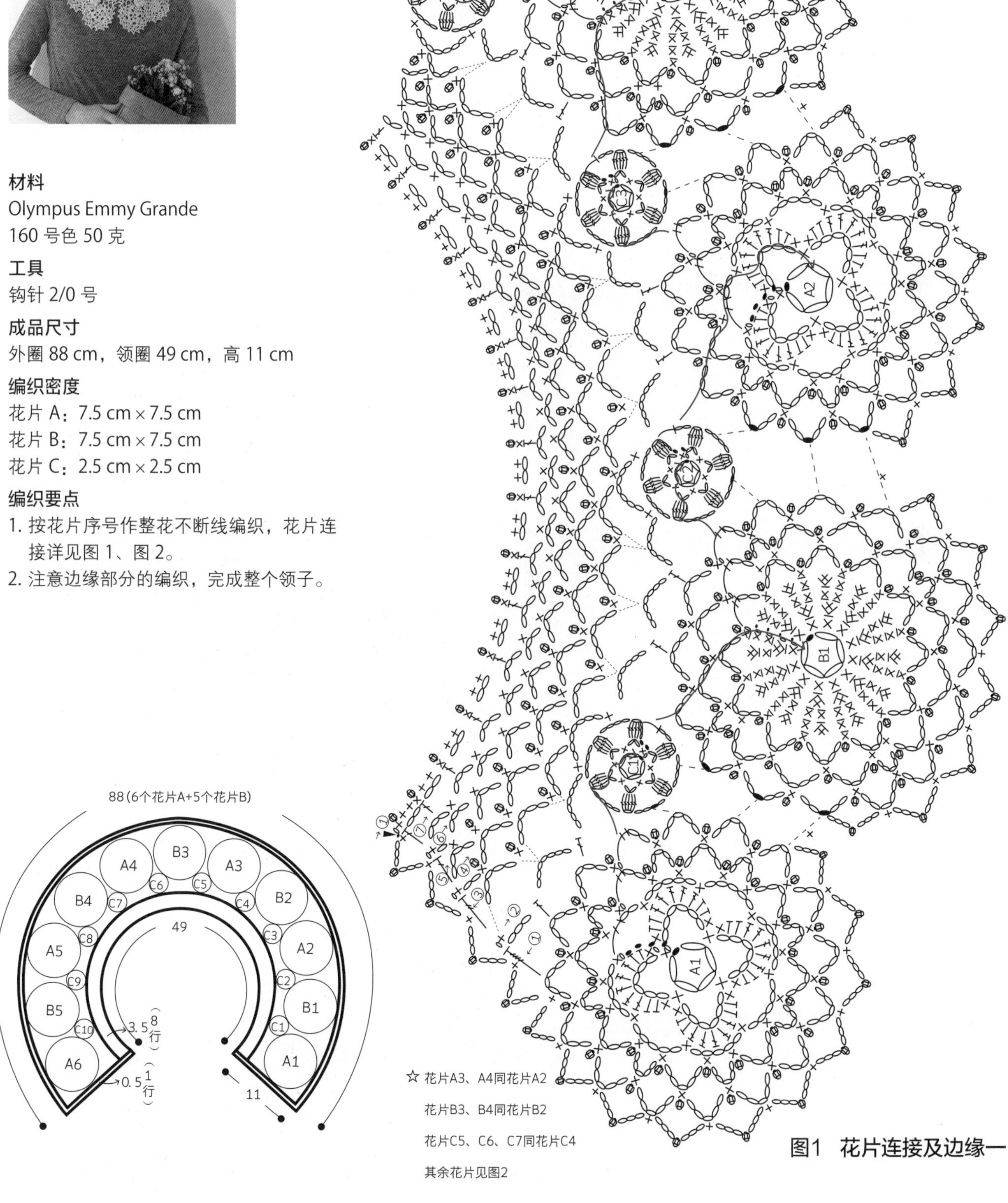

图1　花片连接及边缘一

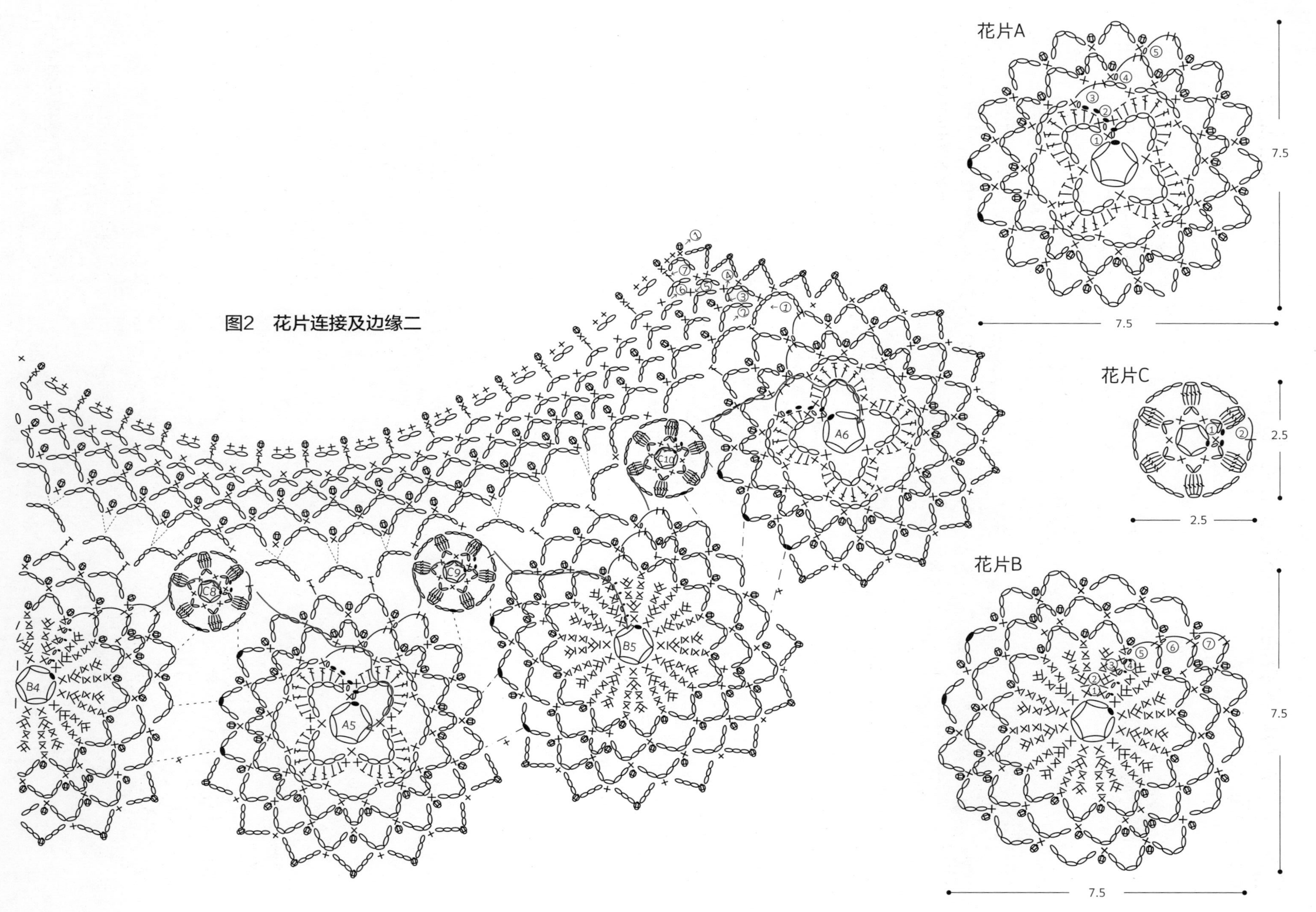

图2　花片连接及边缘二

26/27/28 – 相同设计不同线材的束口袋（小号、中号）/ 双色发带

P.36

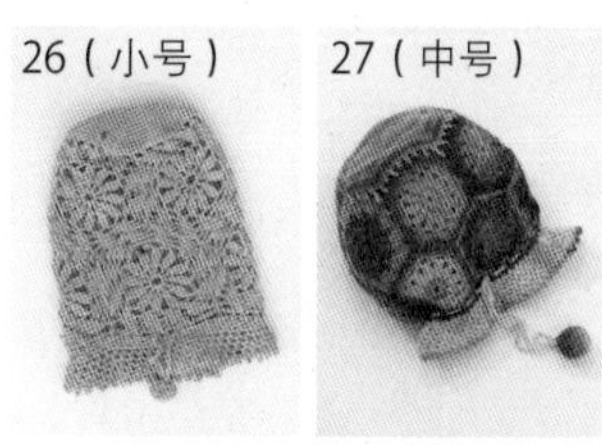

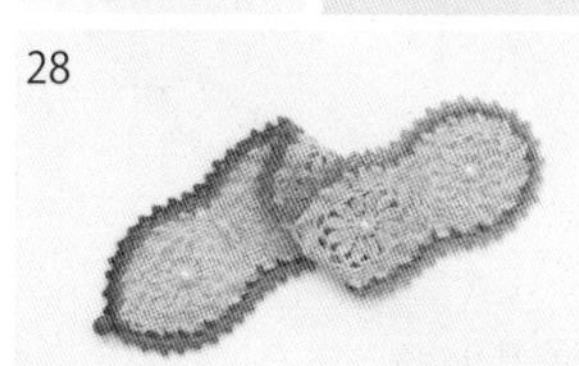

材料

Lang 859.0024（段染）80 克
Sesia 羊驼 6012(灰色)50 克
横田鸭川 18#（灰色）50 克
直径 8 mm 珠子 5 颗

工具

钩针 5/0 号、3/0 号

成品尺寸

小号：宽 24 cm，深 26 cm
中号：宽 16 cm，深 21 cm
发带：长 48 cm，宽 10 cm

编织密度

花片 8 cm × 8 cm

编织要点

1. 束口袋小号用鸭川线，1 圈 4 个花片，2 圈共 7 个花片，按花片序号作整花不断线连续编织（圈钩）。完成后不断线往上按图示挑针织花样 A，完成后断线。花片下端接新线，织包底，详见图示。
2. 束口袋中号主体用段染线，花样 A 用灰色羊驼毛线，边缘最后一圈用段染线钩边。注意小号中号包底的起始行不同。
3. 发带花片用灰色羊驼线编织，方法同束口袋的花片 1~5，花片编织完成后断线。接断染线钩织发带边缘，完成后，在一端钉上扣子，在 5 个花片的花蕊各缝 8 mm 珠子 1 颗。

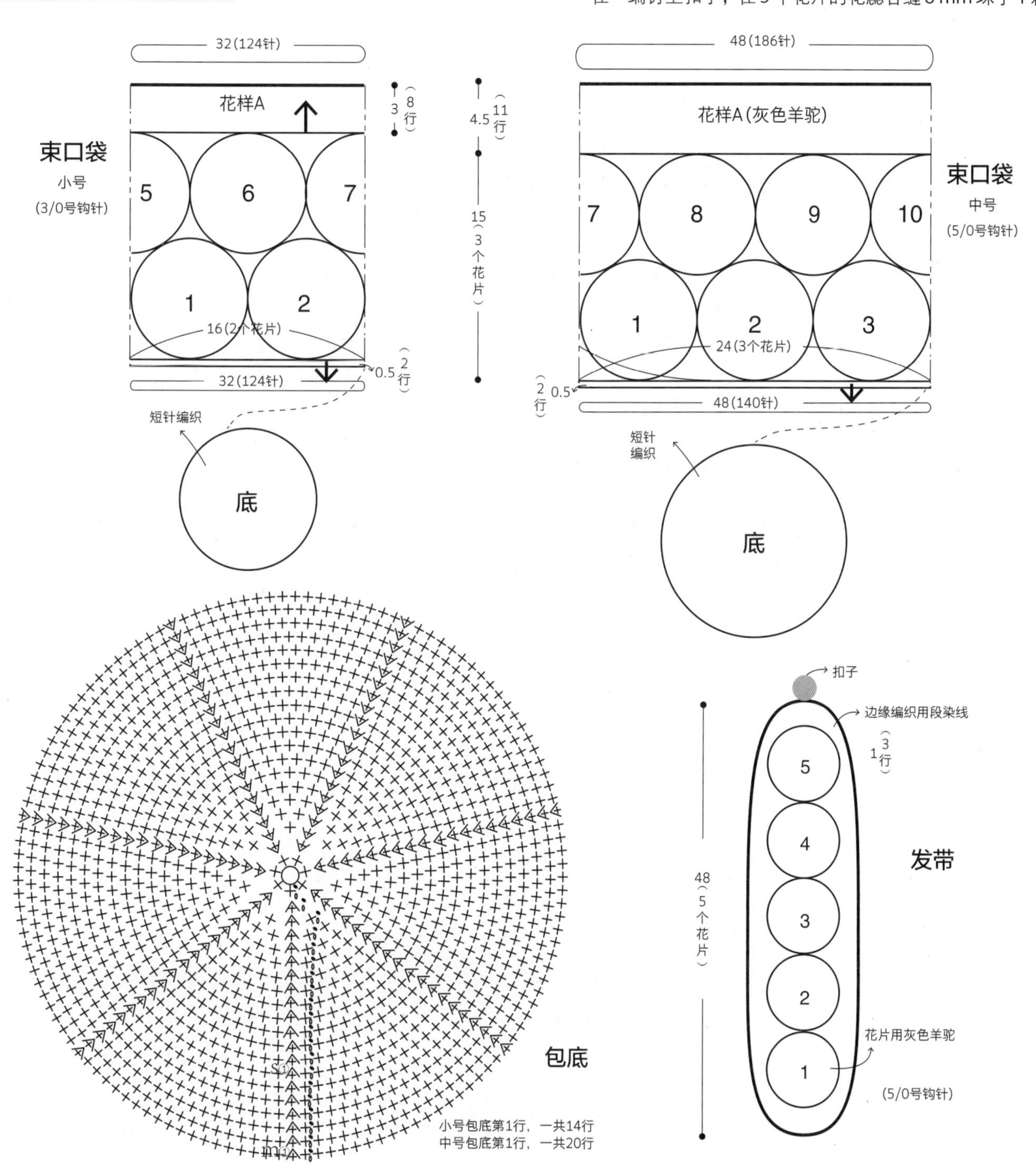

花片连接图及花样A

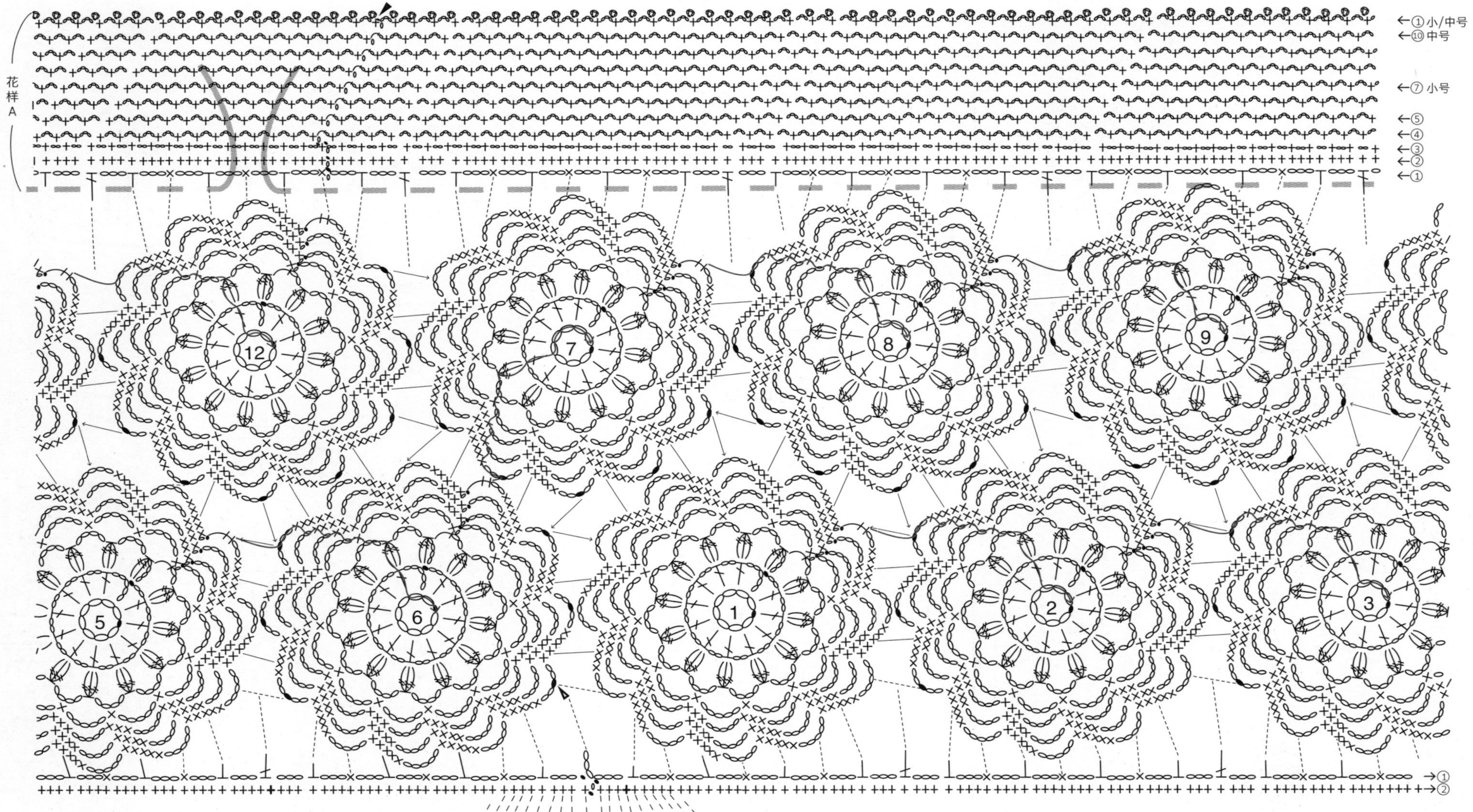

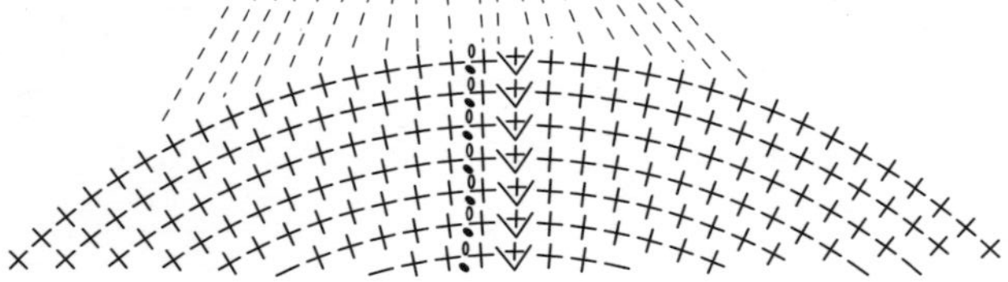

☆ 花片3、4、5同花片2，花片10、11、12同花片9

束口袋中号一圈6个花片，共12个花片

束口袋小号一圈4个花片，共8个花片

发带一共5个花片，按花片1~5的顺序钩织

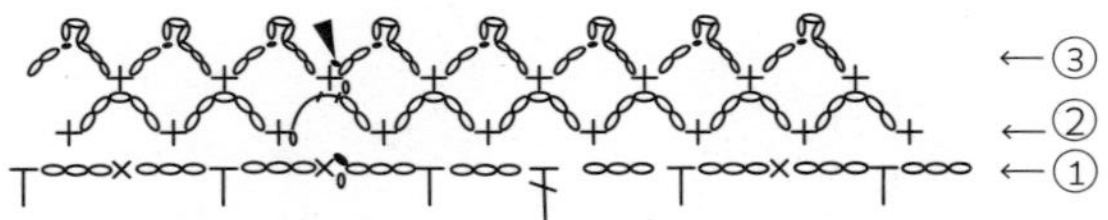

☆从花片上挑针的方式参见束口袋的挑针方式

29 – 中心大花的单肩背包

P.37

材料

横田 daruma 鸭川 18#175 克

工具

钩针 2/0 号

成品尺寸

长 32.5 cm，包宽 30 cm

编织密度

花片 A：15 cm × 15 cm

花片 B：7.5 cm × 7.5 cm

花片 C：3.5 cm × 3.5 cm

编织要点

1. 按花片序号不断线连续钩织，详见图 1~ 图 4。
2. 主体钩织完成后不断线，如图挑针 192 针圈钩包口边缘。
3. 包带 2 条各起针 186 个锁针，按图钩短针及两侧边缘花样，收针。最后用毛线缝针把包带缝在包口内侧。

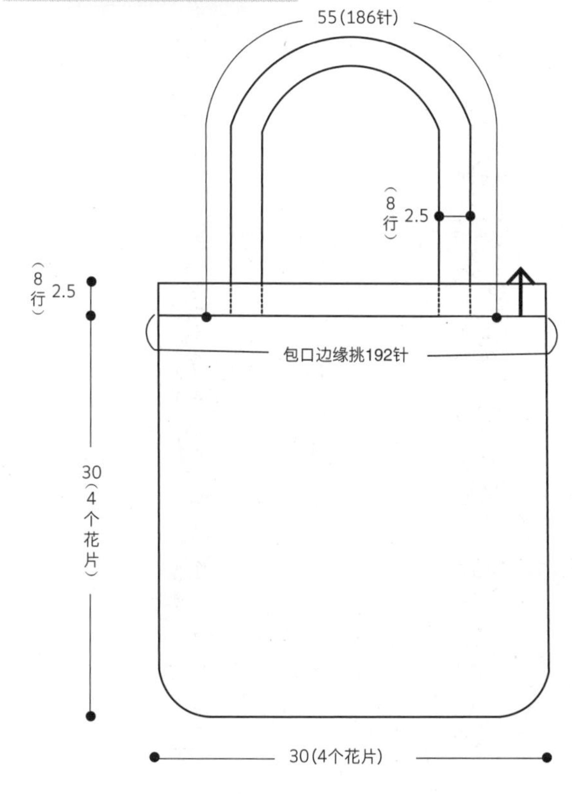

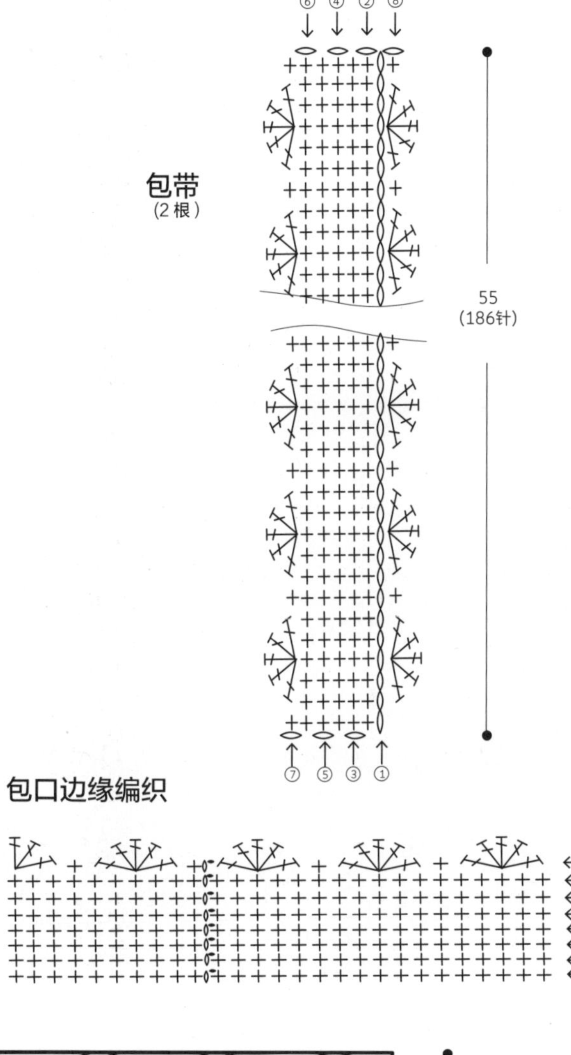

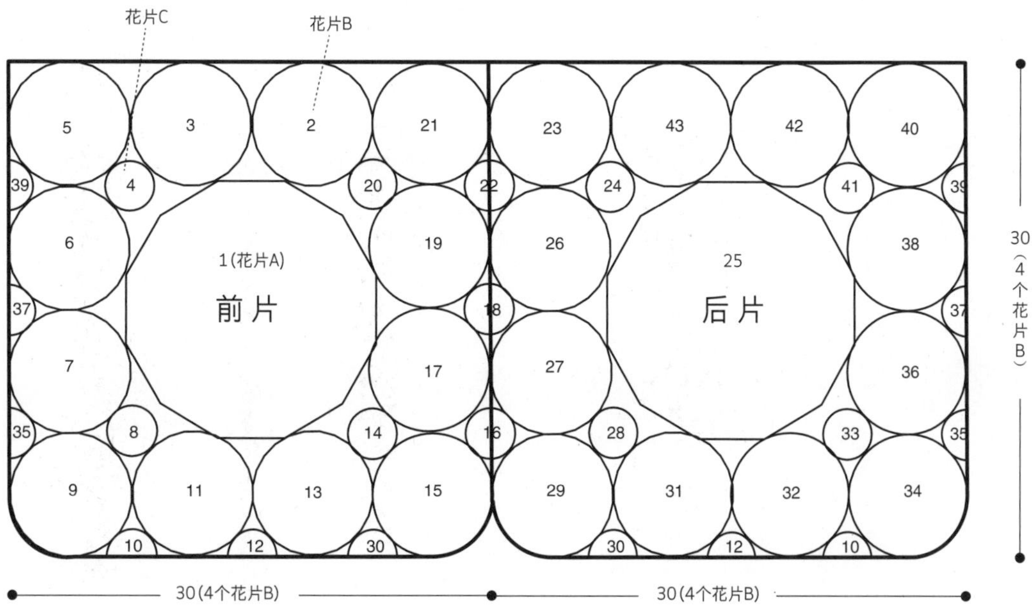

图1 花片连接一

23

26

27

接花片23
见图3

接花片9 见图2

接花片15 见图2

连接花片40

连接花片38

连接花片36

1 2 3 4 5 6 7 8 14 16 17 18 19 20 21 22 35 37 39

图2　花片连接二

图3 花片连接三
连接花片5
连接花片6
连接花片7
接花片34 见图4
接花片29 见图4
39
37
35
40
38
36
41
33
42
25
43
24
28
23
26
27
22
18
16

图4　花片连接四

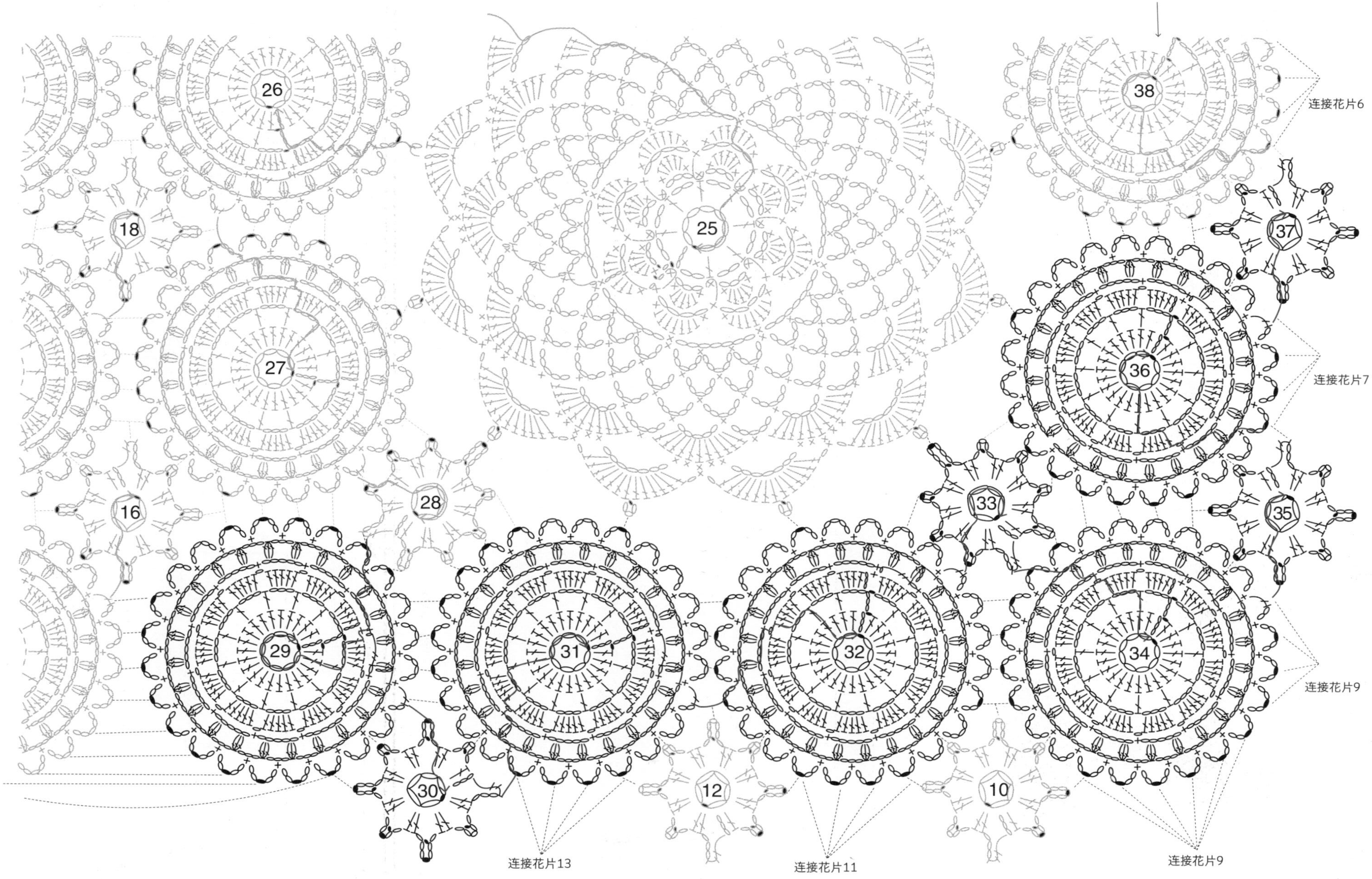

接花片39见图3
连接花片6
连接花片7
连接花片9
连接花片11
连接花片13
26
38
18
25
37
27
36
28
33
16
35
29
31
32
34
30
12
10

30 – V形拼接横向编织背心

P.38

材料

回归线知音驼色 170 克

回归线马海毛蜕驼色 25 克

工具

棒针 5 号，钩针 3/0 号、2/0 号

成品尺寸

胸围 104 cm，衣长 56 cm

编织密度

花样 A：10 cm × 10 cm 面积内 27 针 30 行

花片：5.5 cm × 5.5 cm

编织要点

1. 身片锁针起针，作横向编织，分别按图示完成前、后身片棒针的编织部分，身片编织结束时休针待用。
2. V 形花片部分用 3/0 号钩针整花一线连的方法编织，详见V领花片连接图1、图2，编织完成后作熨烫整理，整理完毕的 V 形花片用毛线缝针与前片作缝合。
3. 下摆边缘用 3/0 号钩针编织。
4. 拆除前、后身片的另线，将前、后身片在织面的反面作引拔结合。肩部用毛线缝针作行对行的缝合。
5. 领口用 2/0 号钩针挑取指定数量的针目，按衣领边缘花样钩织。
6. 袖口用棒针挑取指定针目，作 8 行起伏针编织，上针伏针收针。

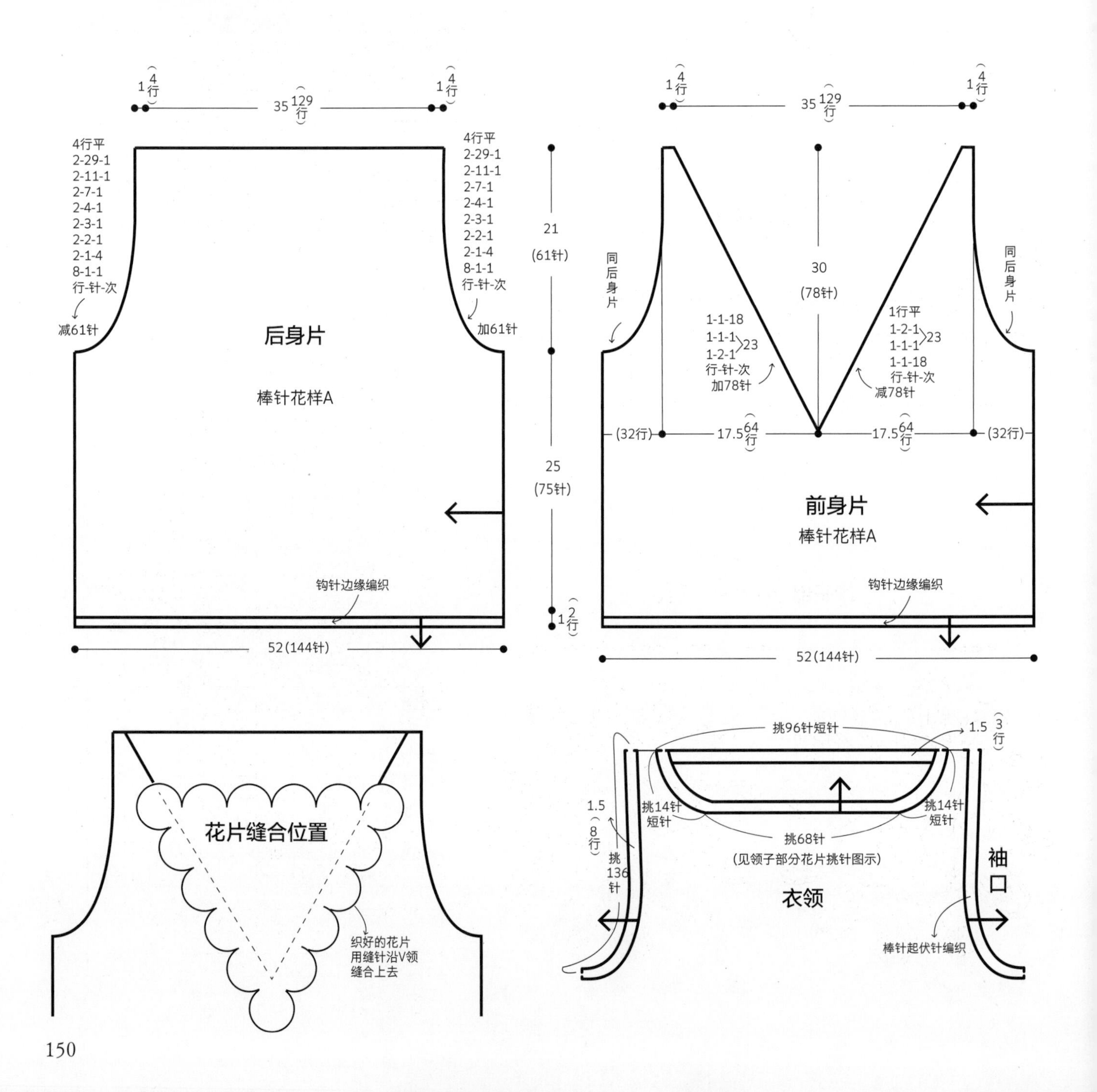

V领花片排列图

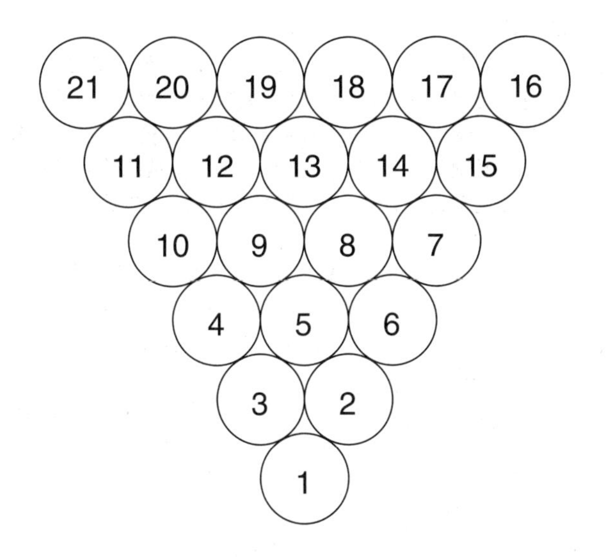

下摆边缘编织

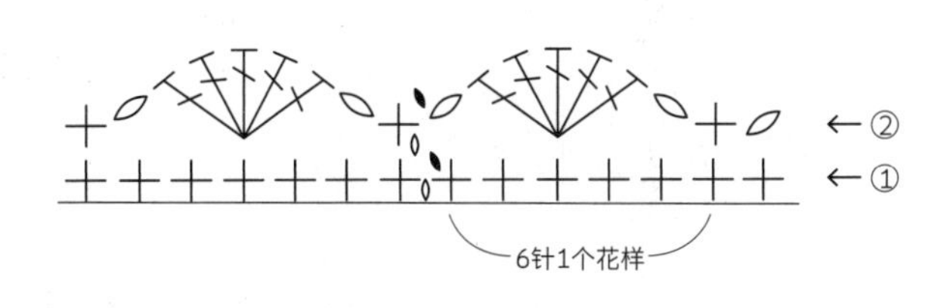

袖口起伏针

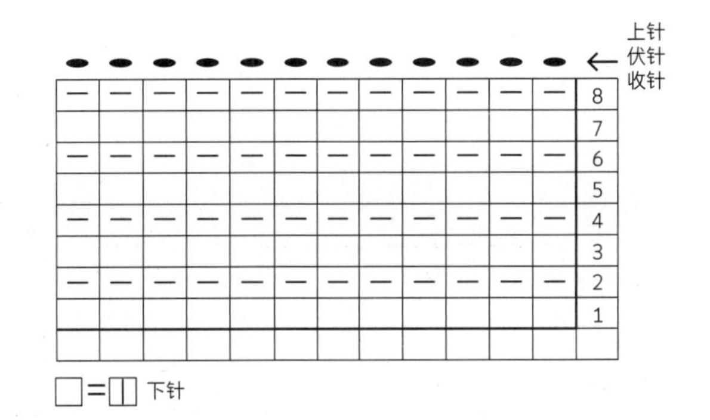

领子边缘编织

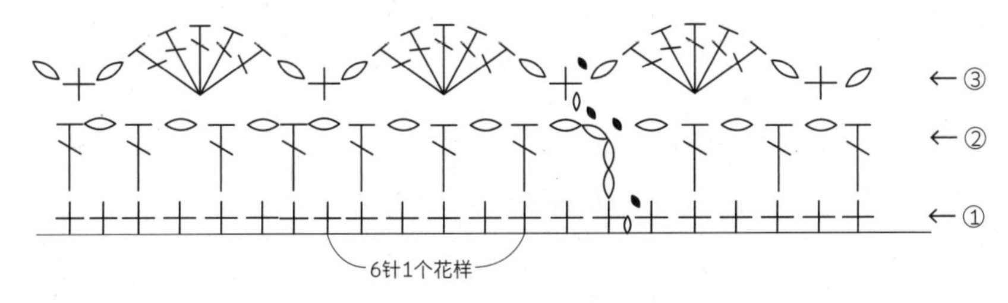

花样A

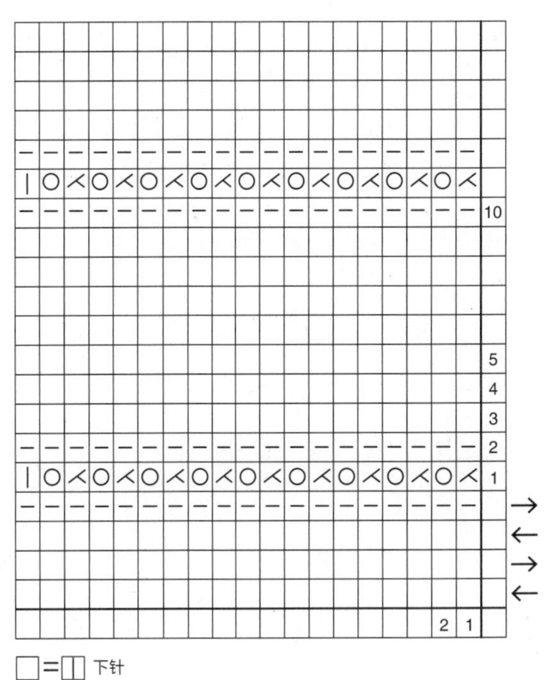

领子部分花片挑针图示

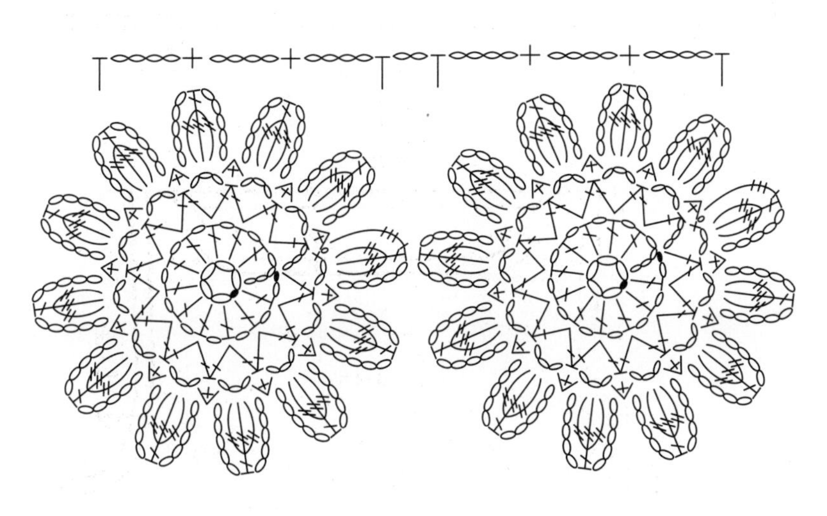

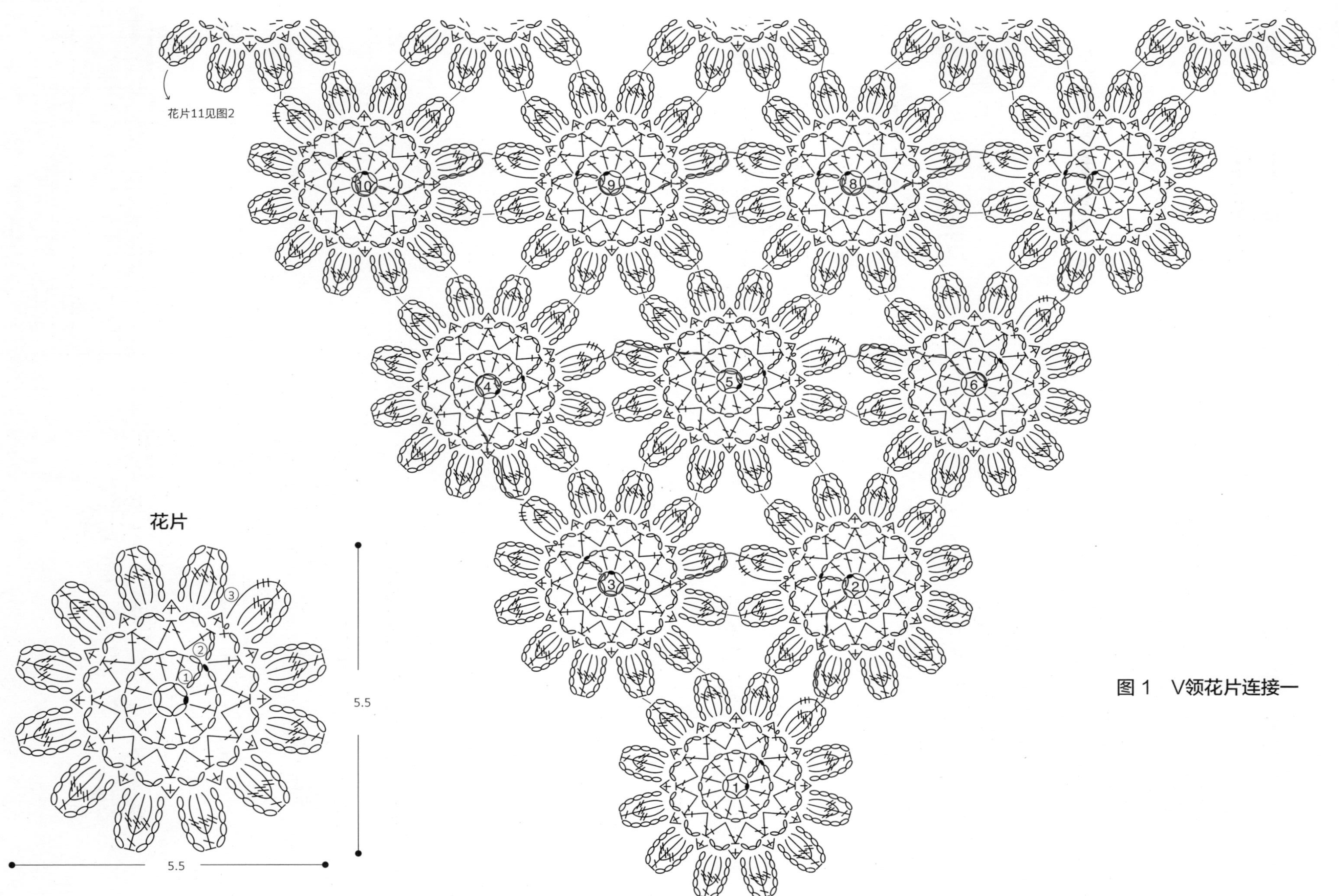

图 1 V领花片连接一

图2　V领花片连接二

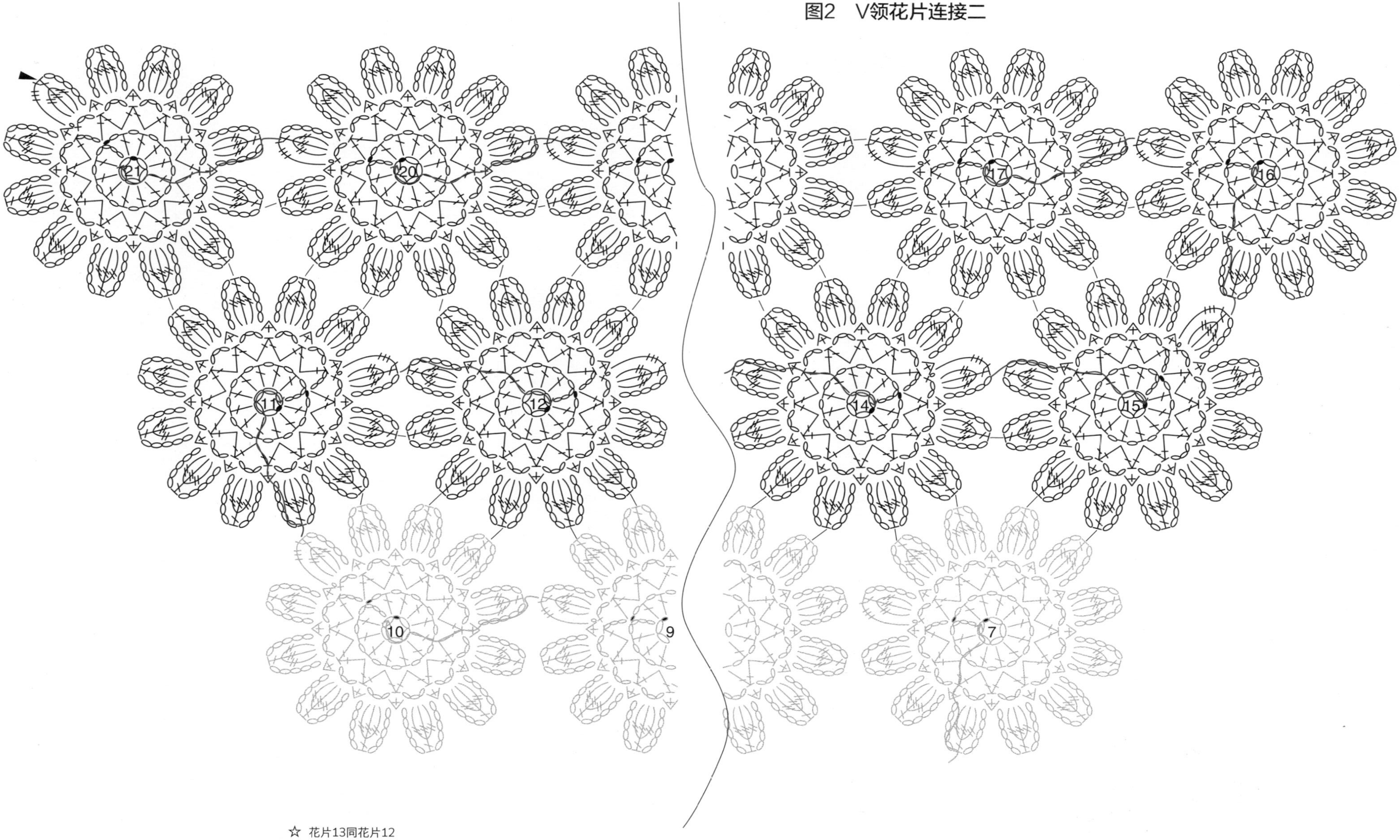

☆ 花片13同花片12
花片18、19同花片17

31 – 风车花长款斗篷

P.39

材料

嬿兮专用意大利羊驼蕾丝 307 色 366 克

工具

钩针 4/0 号

成品尺寸

宽 63 cm，长 68 cm

编织密度

花片 A（大）：10.5 cm × 10.5 cm

花片 B（小）：5 cm × 5 cm

编织要点

1. 按花片序号不断线连续钩织，花片连线图详见图 1~图 6。
2. 花片 132 完成后，需要开领口，注意拼接点，注意花片 B' 的变化，详见图 5。
3. 花片 144~147 需与花片 132~126 作拼后连接，详见图 6。

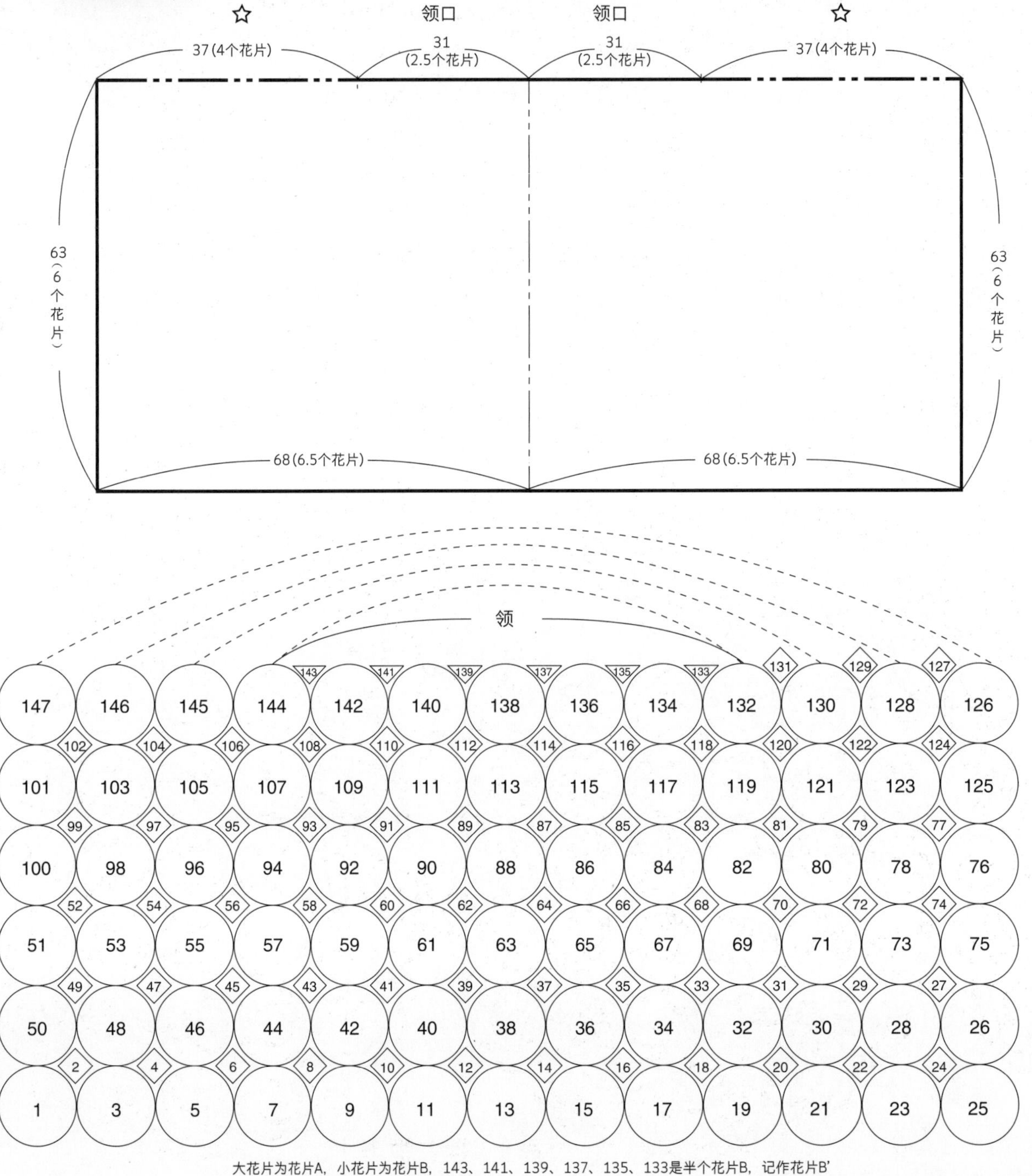

大花片为花片A，小花片为花片B，143、141、139、137、135、133是半个花片B，记作花片B'

51
53
55
49
47
21
50
48
46
2
4
6
1
3
5
☆花片7、9、11、13、15、17、19、21、23同花片5
☆花片6、8、10、12、14、16、18、20、24同花片4

图1 花片连接一

图2 花片连接二
71
73
75
31
29
27
30
28
26
20
22
24
21
23
25
☆ 花片32、34、36、38、40、42、44、46、48同花片30
☆ 花片31、33、35、37、39、41、43、45、47同花片29

图3 花片连接三
☆
花片78~98同花片28(见图2)
花片77~99同花片27(见图2)
☆
花片53~73同花片3(见图1)
花片52~74同花片2(见图1)
102
101
103
52
51
53
49
50
48
77
76
78
74
75
73
27
28
26

图 4　花片连接四

☆花片130同花片128
花片120同花片119
☆花片134见图5
133
131
132
118
120
119
71
73
129
127
128
126
122
124
123
125
75
77

图5 花片连接五

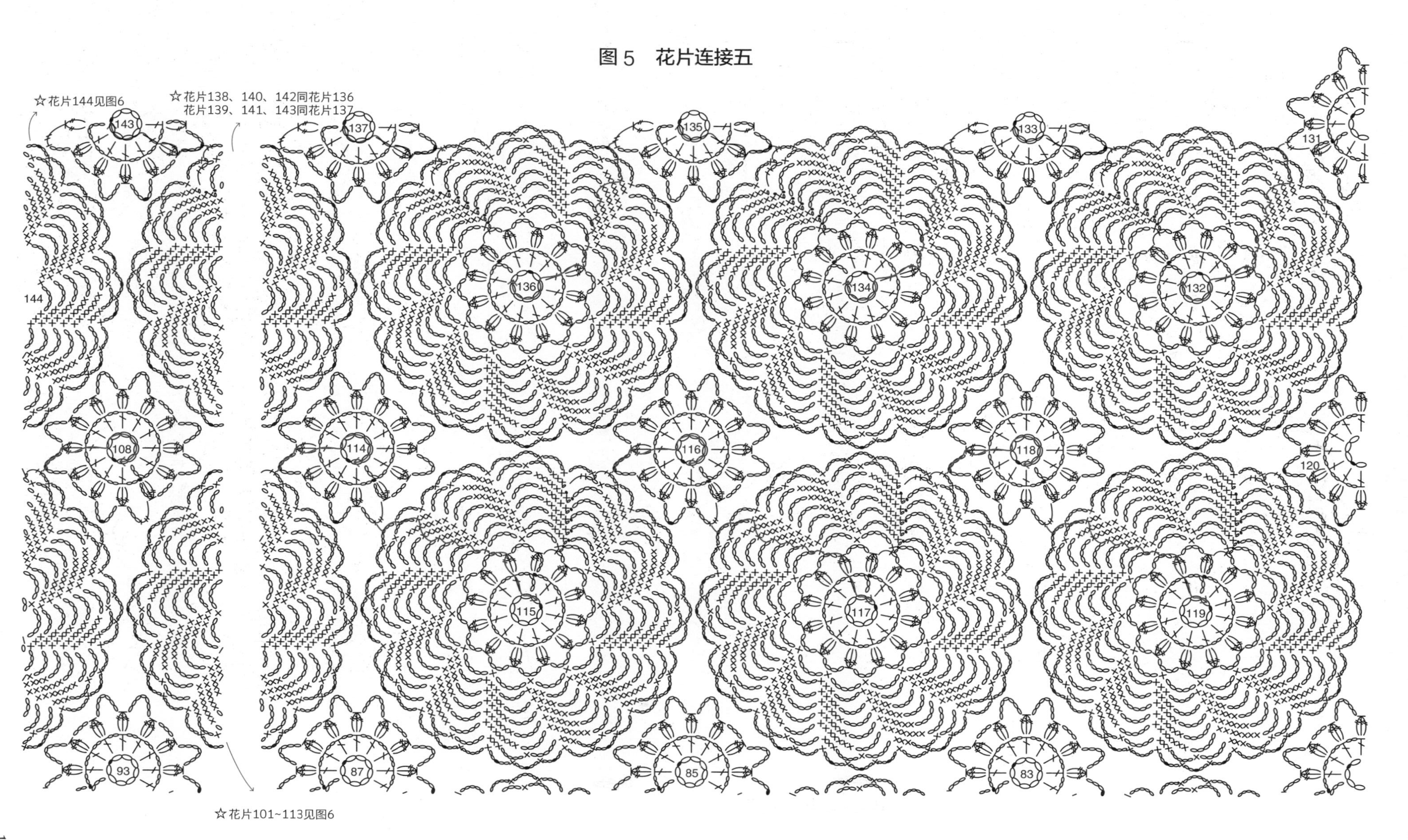

☆花片144见图6
☆花片138、140、142同花片136
花片139、141、143同花片137
143
137
135
133
131
144
136
134
132
108
114
116
118
120
115
117
119
93
87
85
83
☆花片101~113见图6

图6　花片连接六

☆ 花片146同145
花片104、102同106
花片103同105

32 – 编入米珠的不对称斗篷

P.40

材料

嬿兮专用意大利羊驼蕾丝 101 色 200 克
直径 3 mm 米色米珠 710 颗
直径 14 mm 古董珠 2 颗
0.2 cm × 90 cm 米色皮绳 1 条

工具

钩针 4/0 号

成品尺寸

上围周长 72 cm，下围周长 280 cm

编织密度

主体花片：9.5 cm × 9.5 cm

编织要点

1. 按花片序号不断线连续钩织，花片连接详见图 1~ 图 3，其中花片 1~8 为九角花片，花片 9~31 为十二角花片，花片 32~63 详见图 2、图 3 的文字标注。
2. 斗篷钩织完成后，在花片 1~8 中间均匀地穿上皮绳，皮绳两端缝上大号珠子。

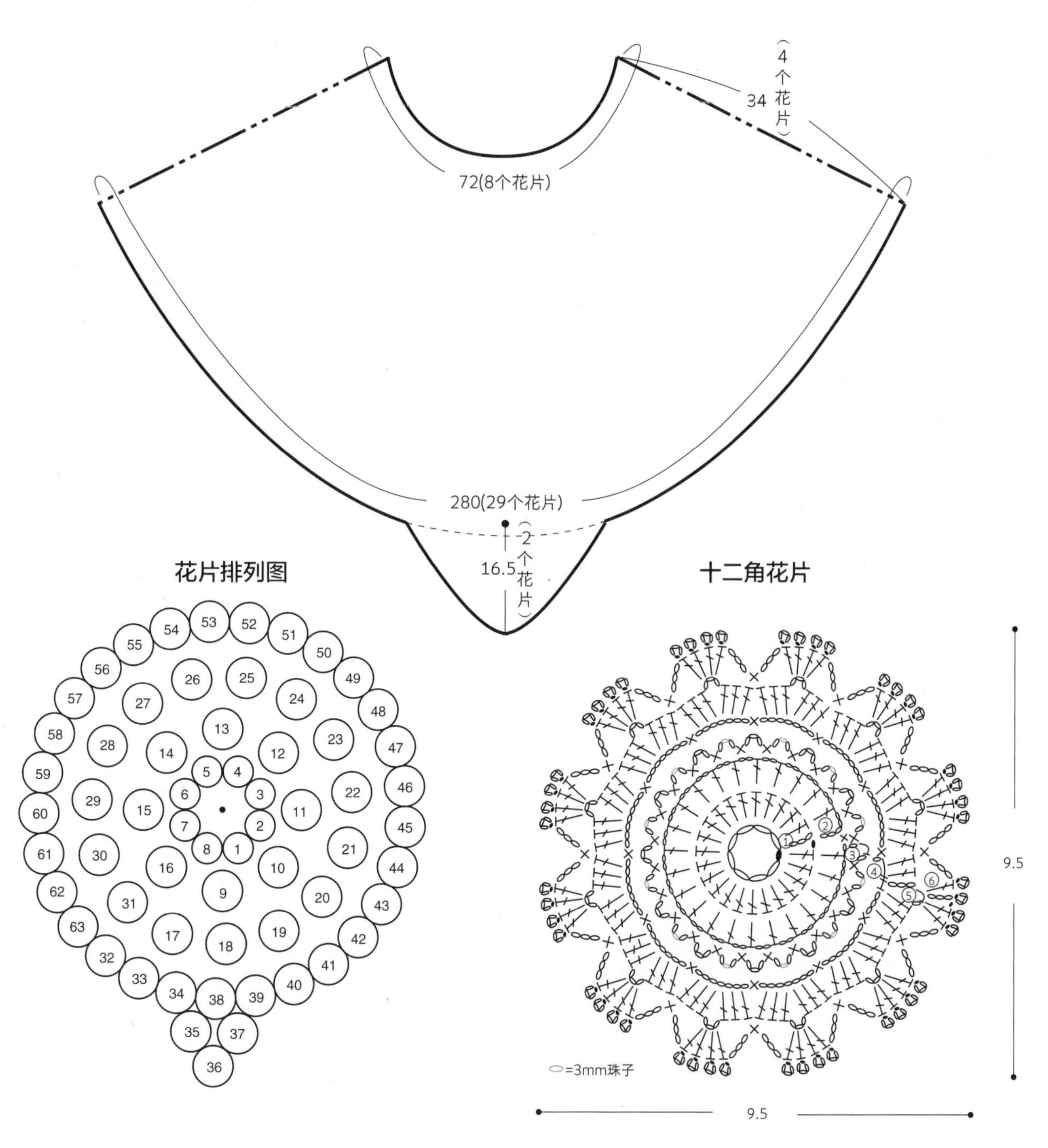

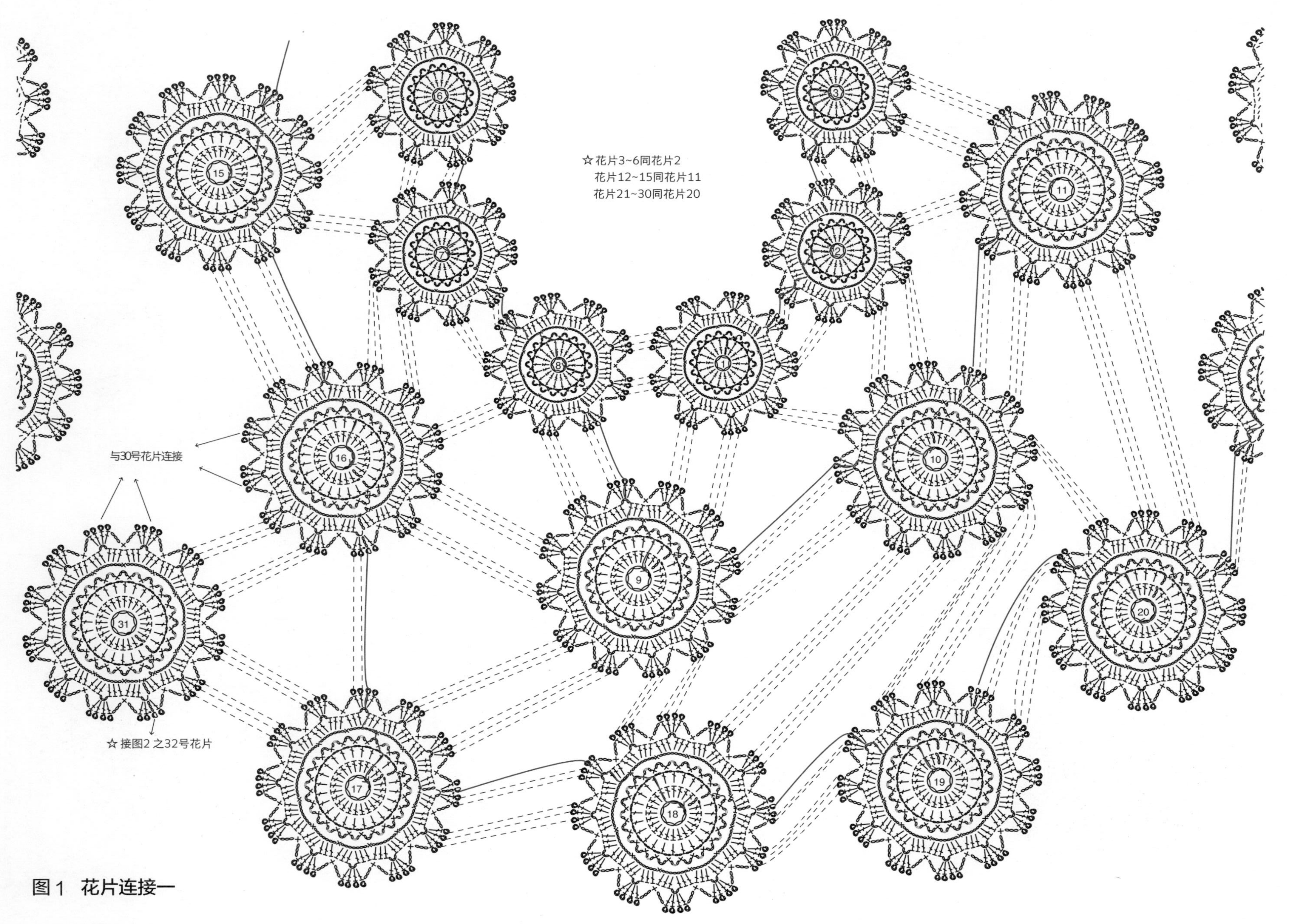
☆花片3~6同花片2
花片12~15同花片11
花片21~30同花片20
与30号花片连接
☆接图2之32号花片
15
6
7
8
1
2
3
11
16
9
10
20
31
17
18
19

图1 花片连接一

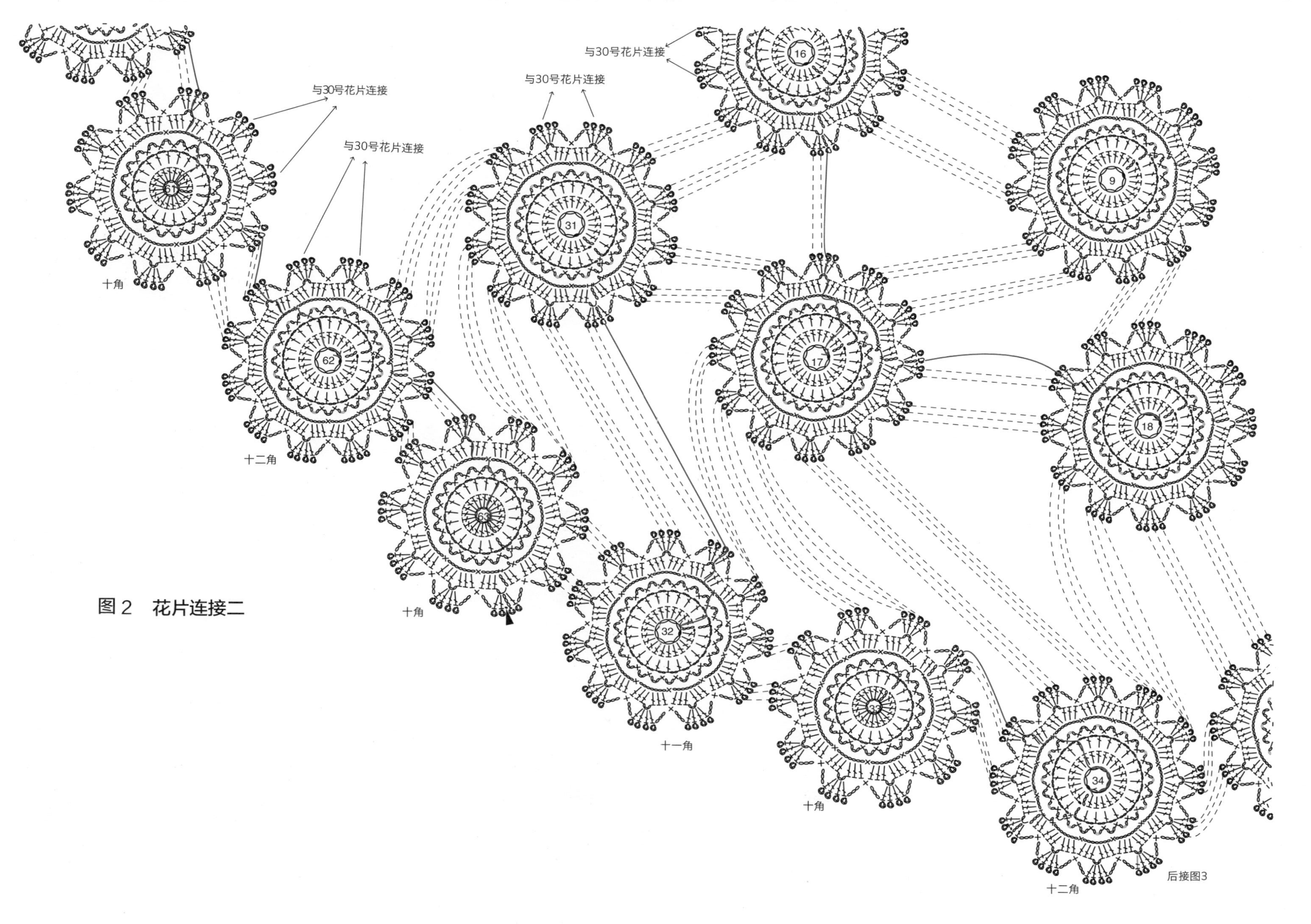

与30号花片连接
与30号花片连接
与30号花片连接
与30号花片连接
16
9
61
31
17
62
18
十角
63
十二角
32
十角
33
十一角
34
十角
后接图3
十二角

图2 花片连接二

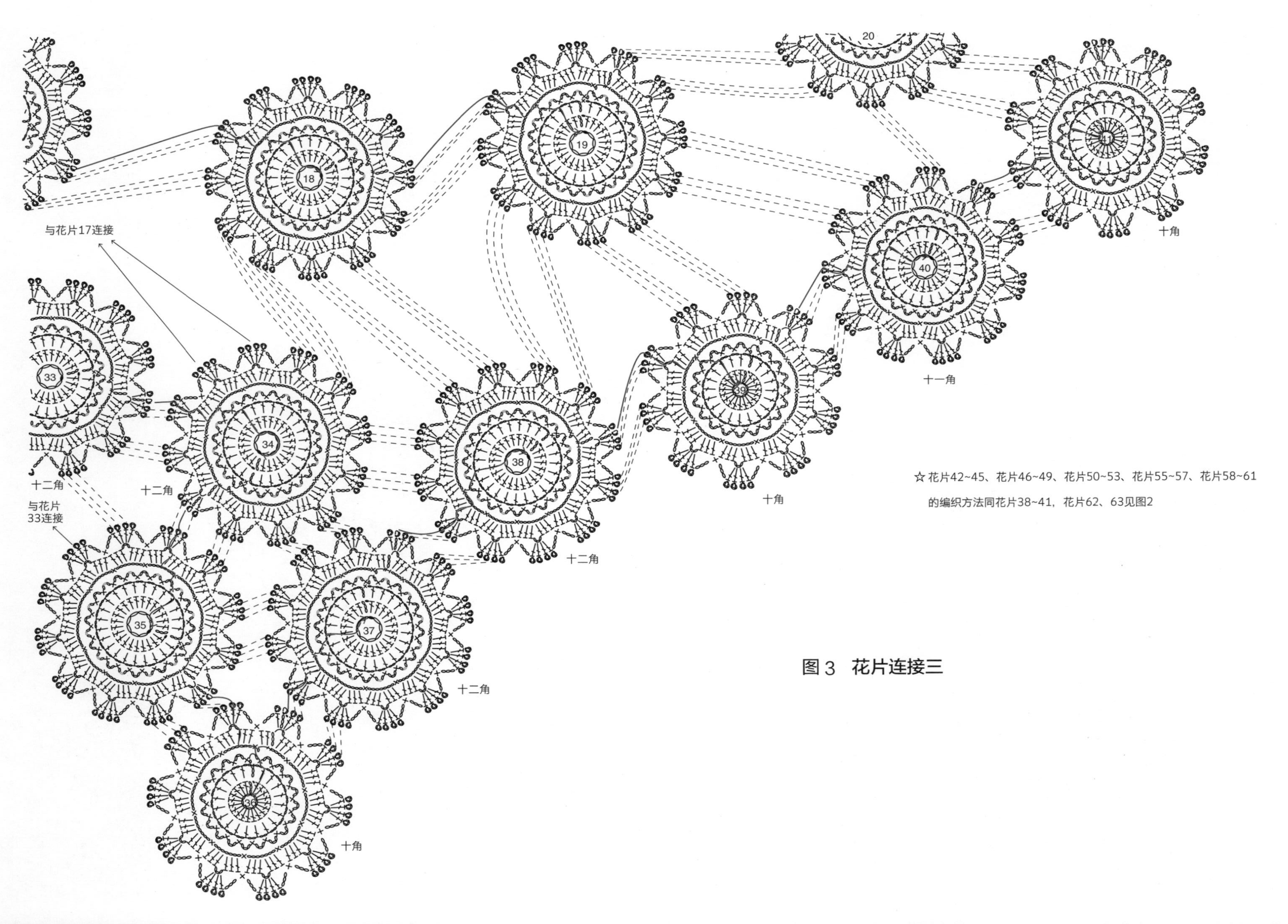

☆花片42~45、花片46~49、花片50~53、花片55~57、花片58~61的编织方法同花片38~41，花片62、63见图2

图3 花片连接三

33 – 与机编花片拼接的饰领

P.41

材料

Hamanaka Alpaca Mohair 驼色 47 克

Hamanaka 机编花片 27 枚

工具

钩针 3/0

成品尺寸

衣长 14 cm

编织密度

花片 A′（B′）：4 cm × 4 cm

花片 A″（B″）：5 cm × 5 cm

花片 A（B）：6 cm × 6 cm

编织要点

1. 按花片序号作整花不断线连续编织，详见花片连接图。
2. 花片全部钩织完成后断线。
3. 从接领侧另接新线，织领子的边缘花样，共 2 行，织完后断线。
4. 用蒸汽熨烫定型。

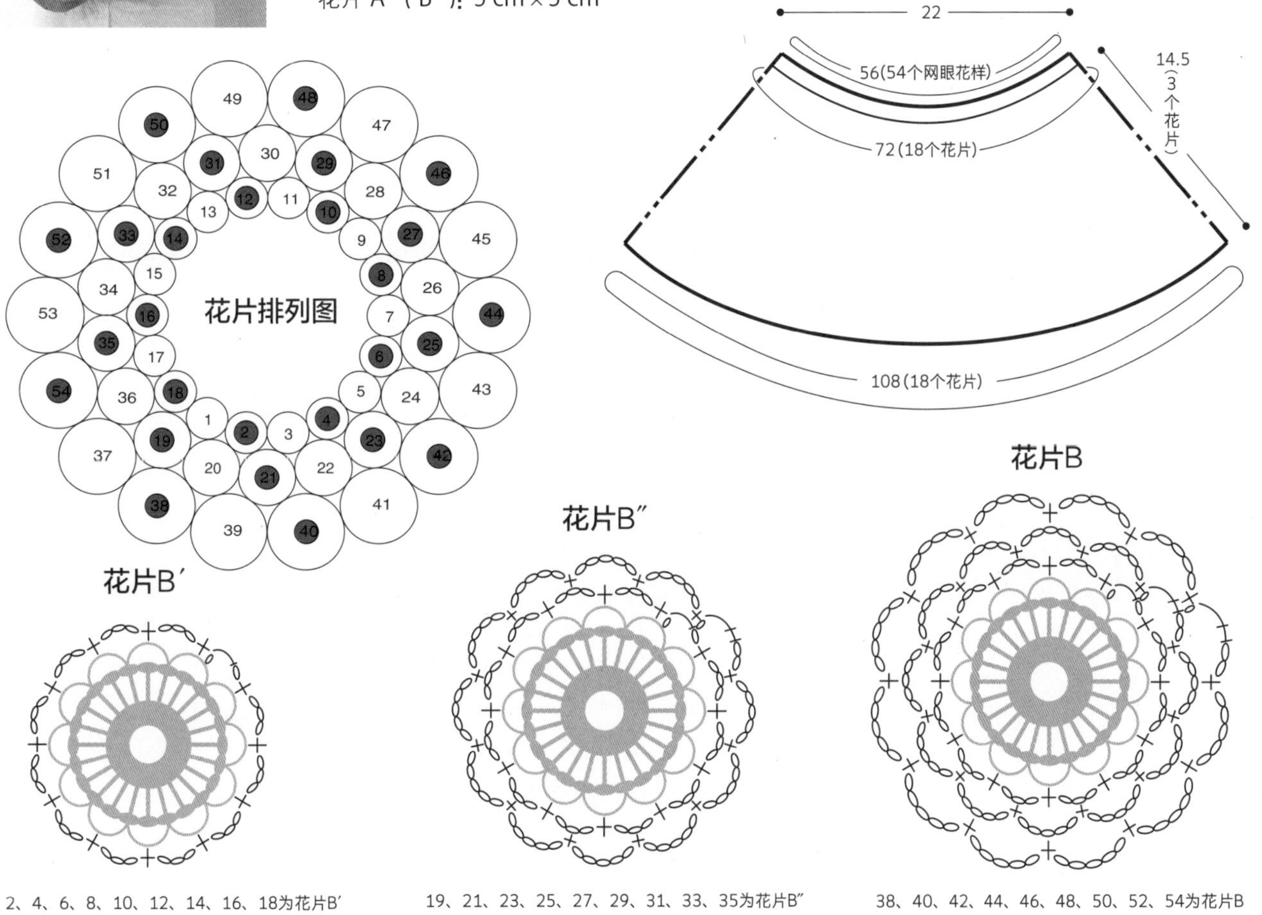

2、4、6、8、10、12、14、16、18为花片B′

19、21、23、25、27、29、31、33、35为花片B″

38、40、42、44、46、48、50、52、54为花片B

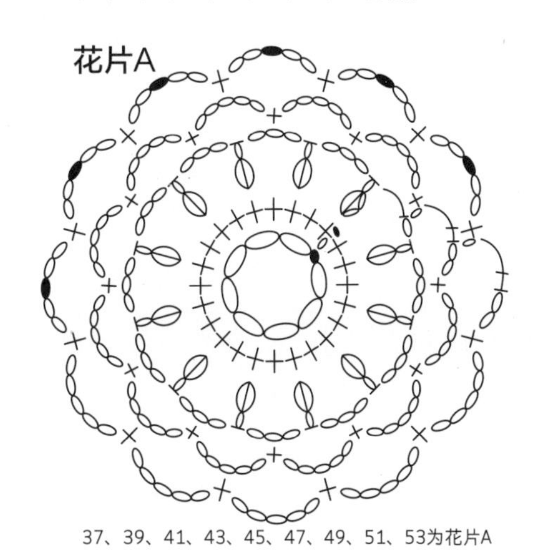

37、39、41、43、45、47、49、51、53为花片A

花片A″

20、22、24、26、28、30、32、34、36为花片A″

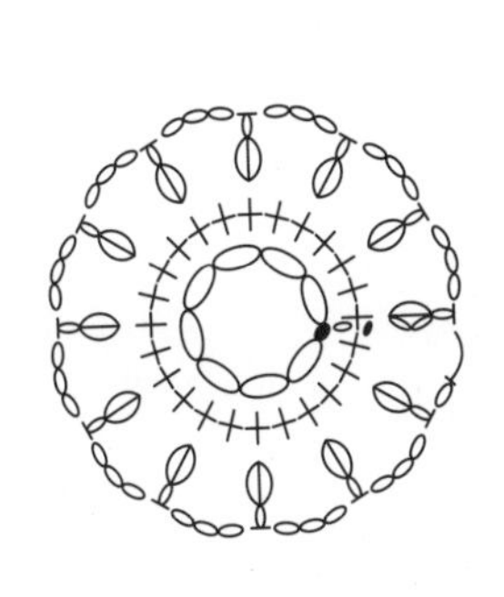

1、3、5、7、9、11、13、15、17为花片A′

花片连接图及边缘花样

☆ 花片6~16：单数序号同花片3，双数序号同花片4

花片23~34：单数序号同花片21，双数序号同花片22

花片41~53：单数序号同花片39，双数序号同花片40的编织方法

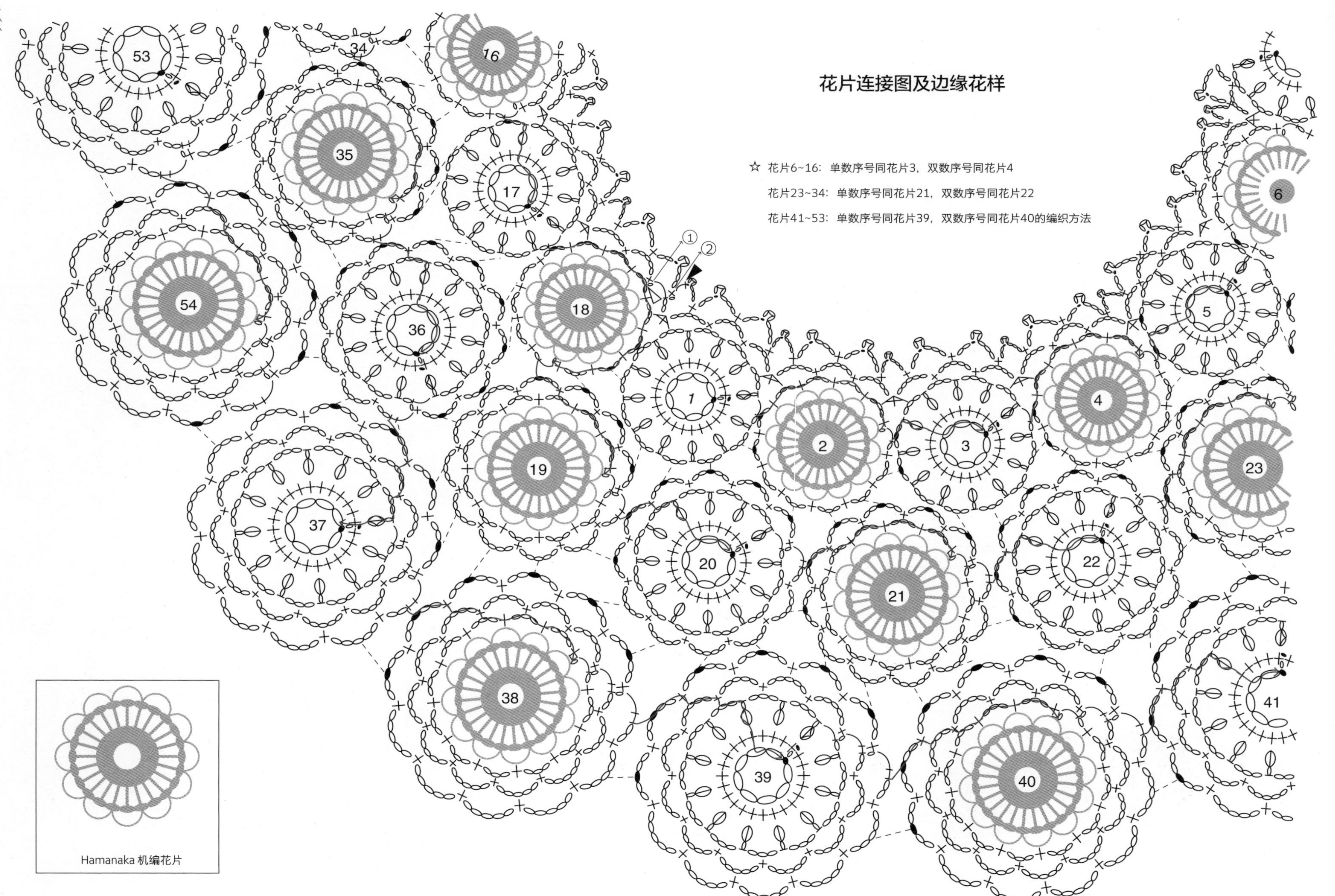

34 — 多种技法的圆育克毛衣

P.42

材料

Hamanaka Alpaca
Mohair 驼色 215 克
Hamanaka 机编花片 27 枚
白色米珠 260 颗

工具

棒针 5 号，钩针 3/0 号、4/0 号

成品尺寸

胸围 112 cm，衣长 14 cm

编织密度

花样 A：10 cm × 10 cm 面积内 21 针 29 行
花样 B：10 cm × 10 cm 面积内 7.5 个花样 16 行
花片 A′（B′）：3.5 cm × 3.5 cm
花片（B″）：4.5 cm × 4.5 cm
花片 A：5.5 cm × 5.5 cm

编织要点

1. 完成前后身片的棒针部分花样 A，胁部作行对行缝合。
2. 前身花片用整花一线连的方法，边钩边与前身片的两部分作连接，详见图 1。全部钩织完成后断线。
3. 完成两个袖子的编织，并作袖片缝合，将袖子与身片结合，详见图 2~ 图 4。
4. 接新线，从毛衣的后身片连袖子的接领侧位置，整圈共挑钩 270 针短针，再钩一圈 5 锁针 1 短针的网眼编织，完成接领侧边缘 A。
5. 从领口开始往下作育克的整花一线连编织，详见图 5。钩最后一花片时，还需与身片作连接，详见图 6，完成后整衣的连接也就完成了。
6. 接新线，编织接侧领边缘 B，并使用同色缝纫线用缝衣针将钩好的花边固定在毛衣上，完成修饰，使整衣更协调。
7. 圈钩下摆边缘编织和袖口边缘编织。

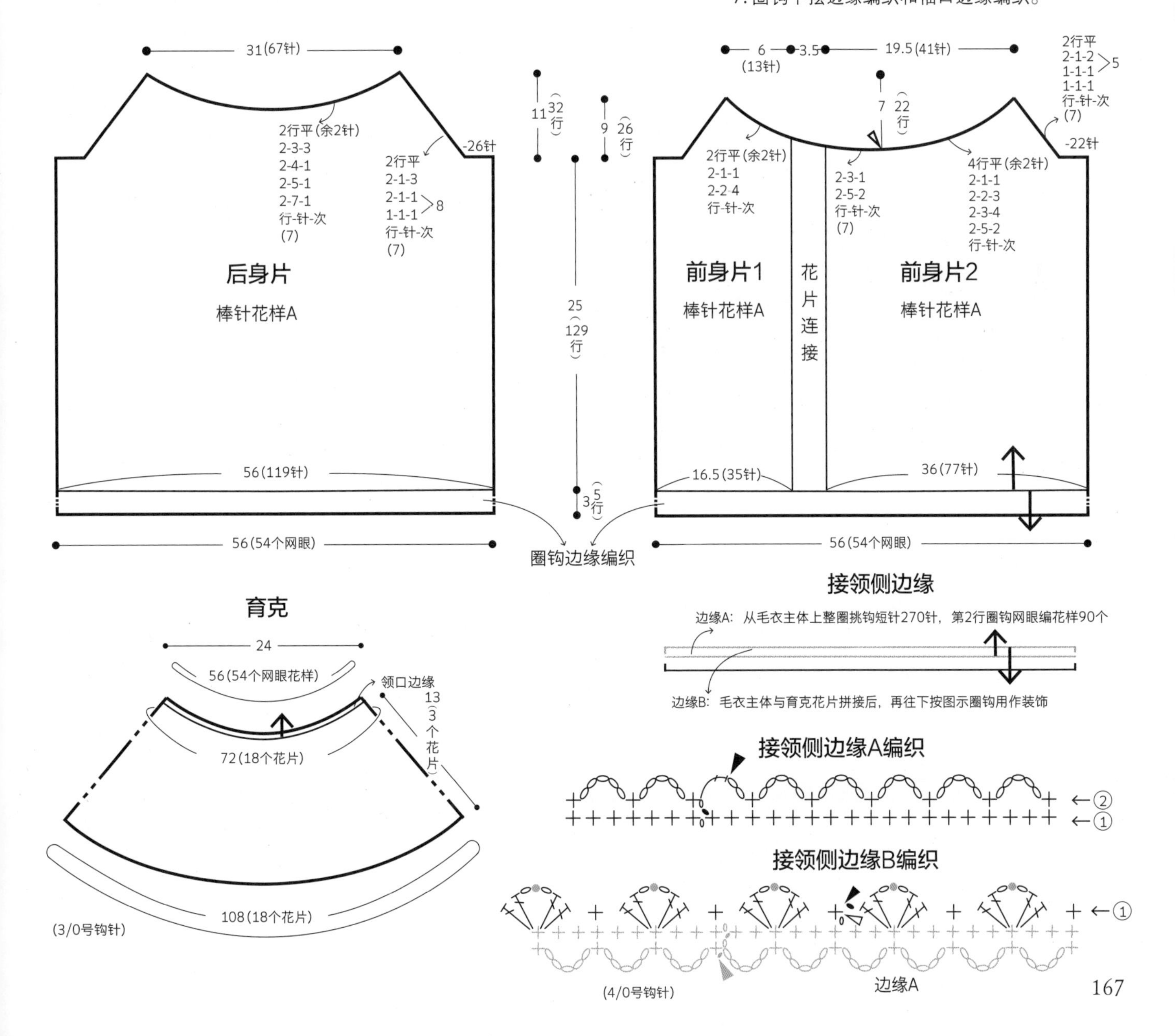

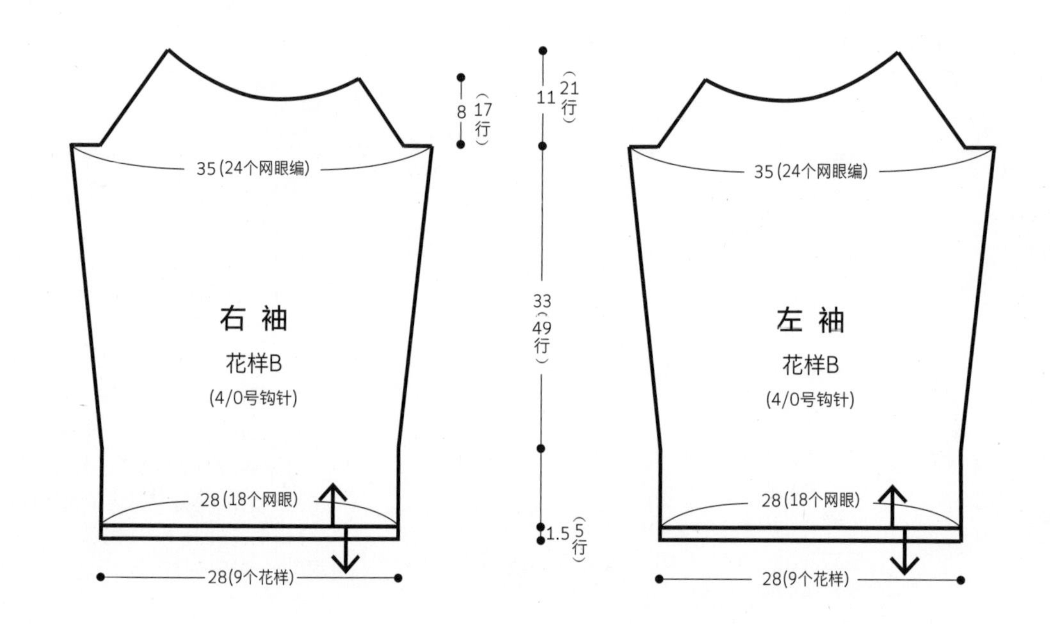

袖口边缘编织

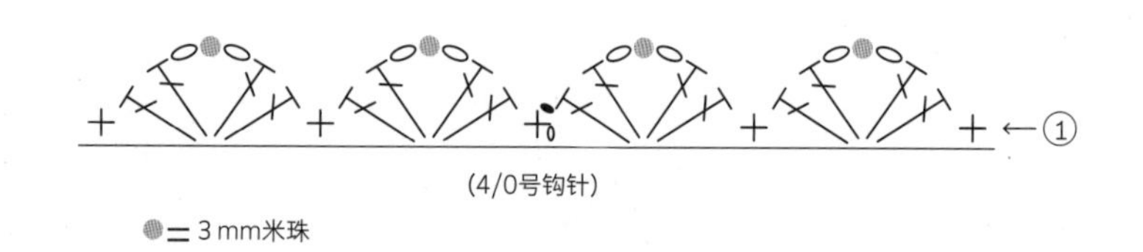

●= 3 mm米珠

下摆边缘编织

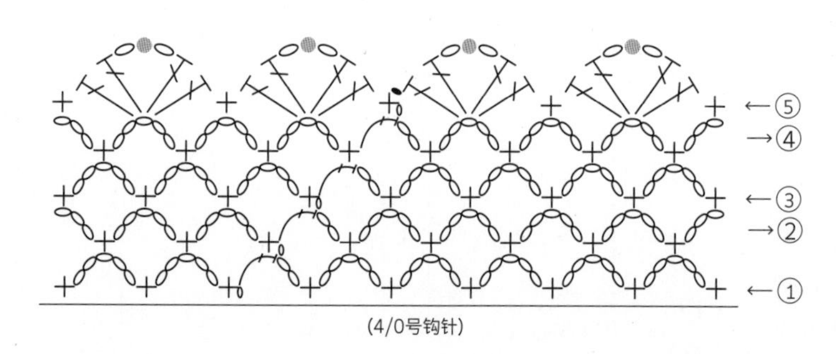

花片A′

1、3、5、7、9、11、13、15、17为花片A′

花片A

花片B′

花片B″

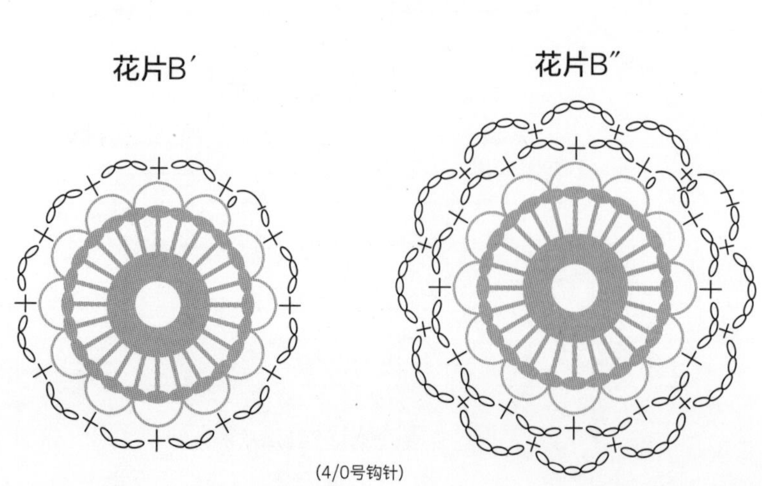

2、4、6、8、10、12、14、16、18为花片B′

19~36为花片B″

除指定花片外，其余序号均为花片A

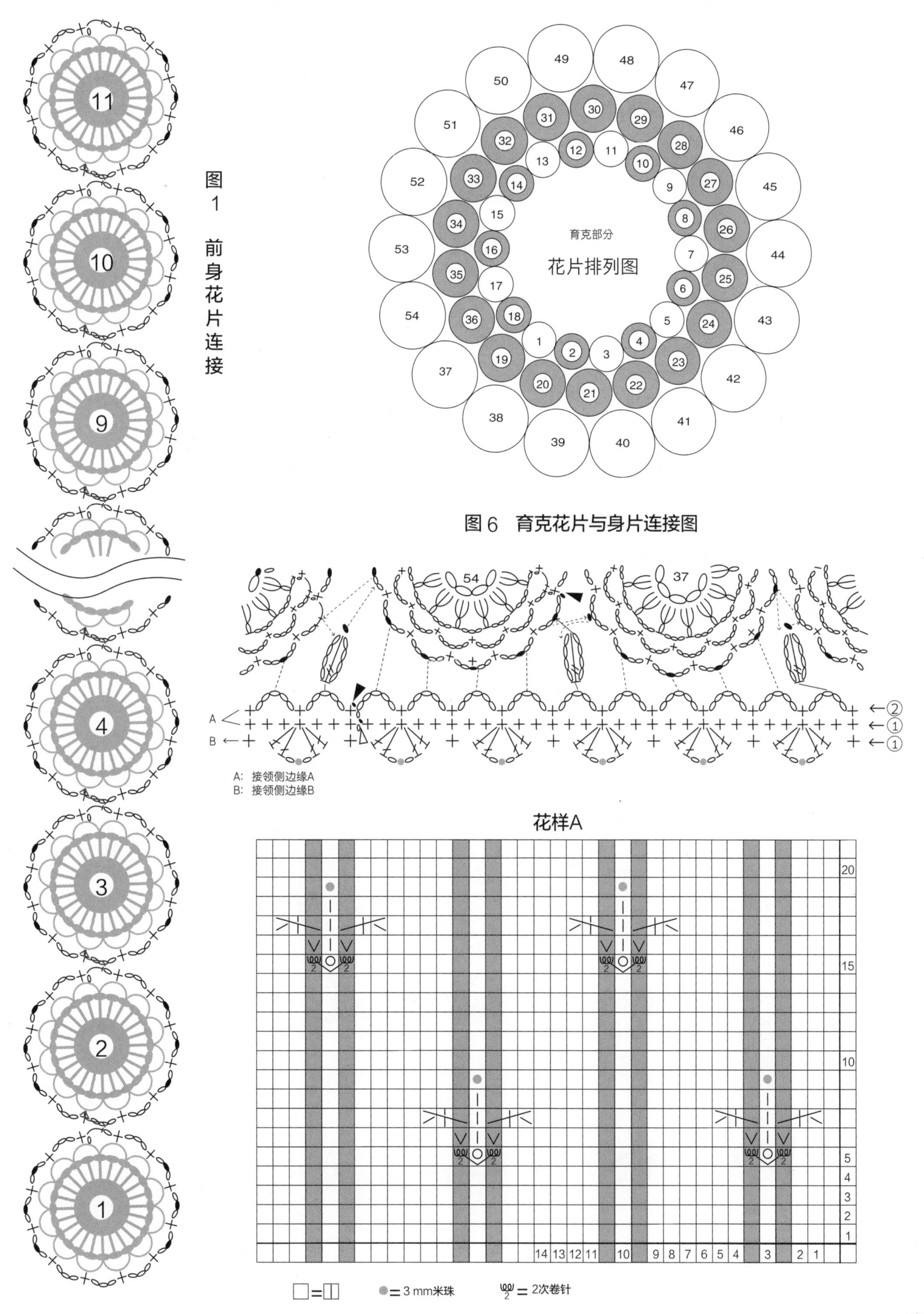
图1 前身花片连接
育克部分
花片排列图
图6 育克花片与身片连接图
A: 接领侧边缘A
B: 接领侧边缘B
花样A
= 3 mm米珠
= 2次卷针

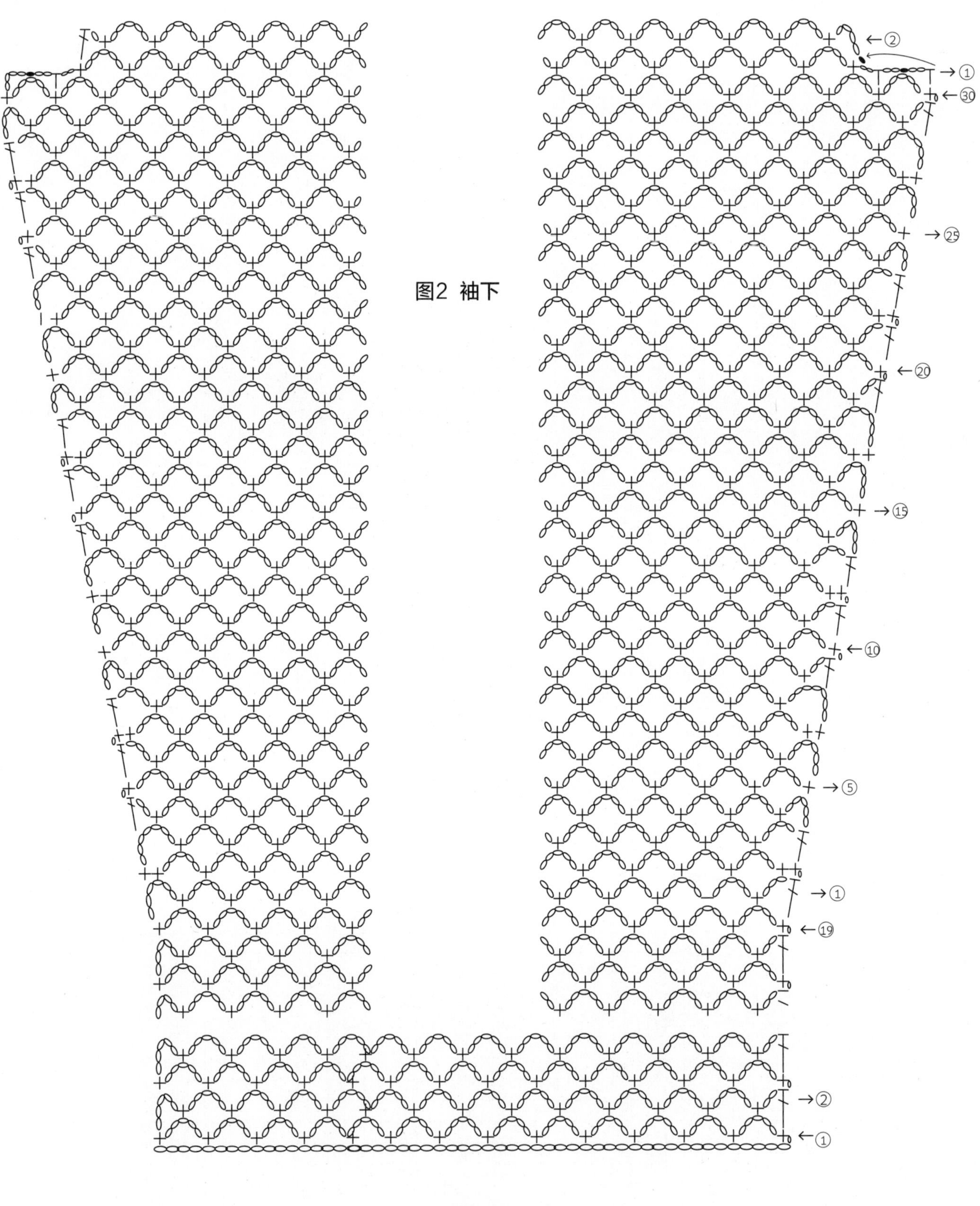

图2 袖下

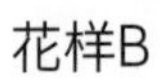

花样B

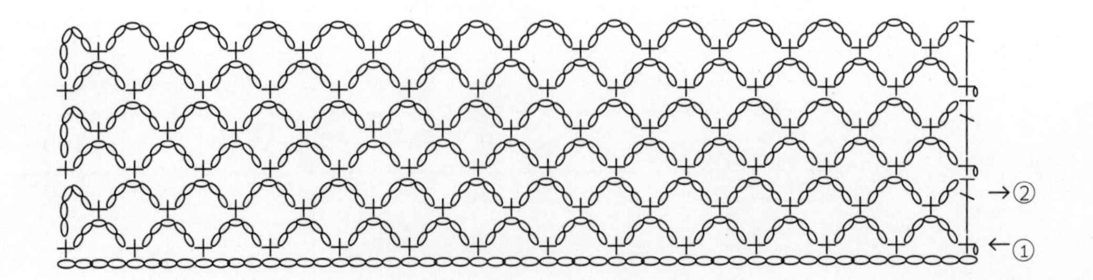

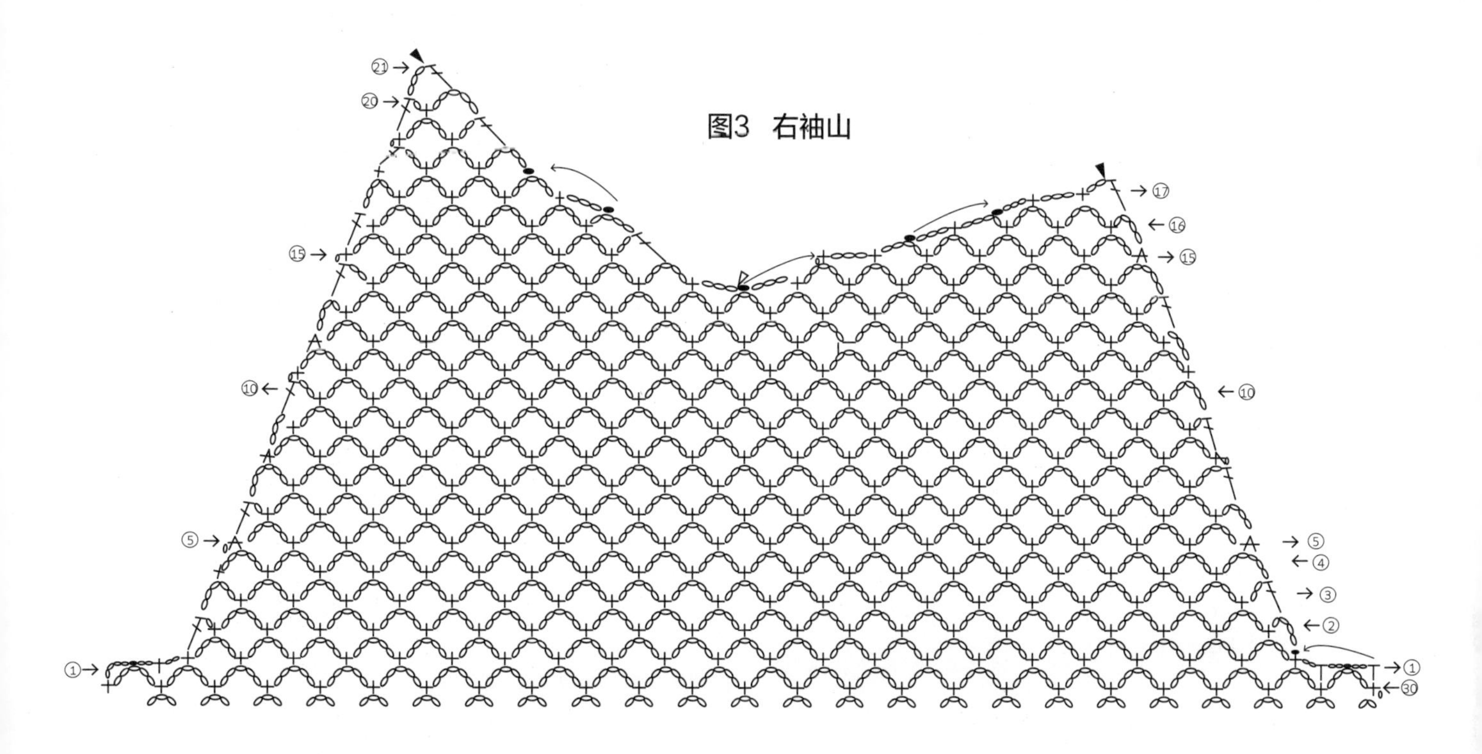
图3 右袖山
㉑
⑳
⑮
⑩
⑤
①
⑰
⑯
⑮
⑩
⑤
④
③
②
①
㉚

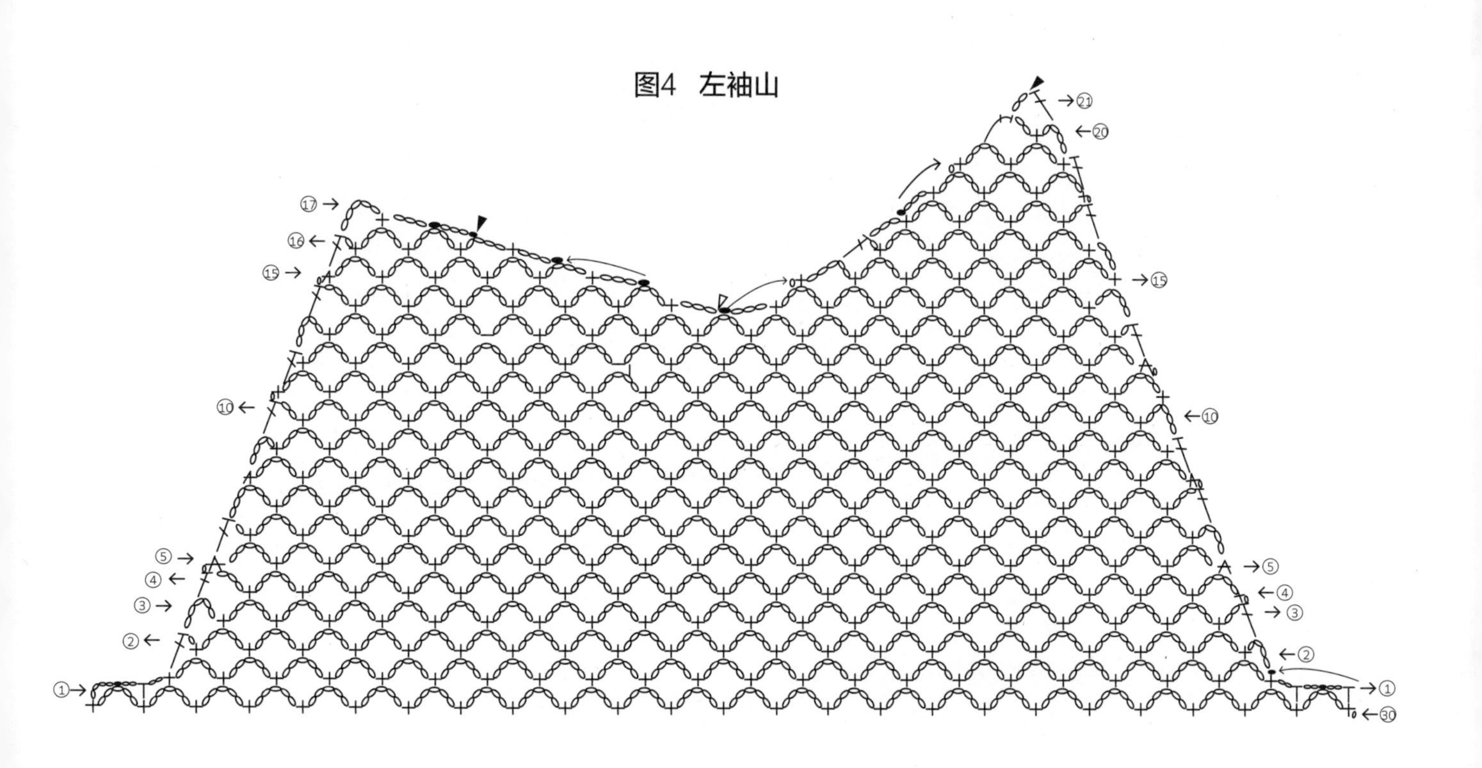
图4 左袖山
⑰
⑯
⑮
⑩
⑤
④
③
②
①
㉑
⑳
⑮
⑩
⑤
④
③
②
①
㉚

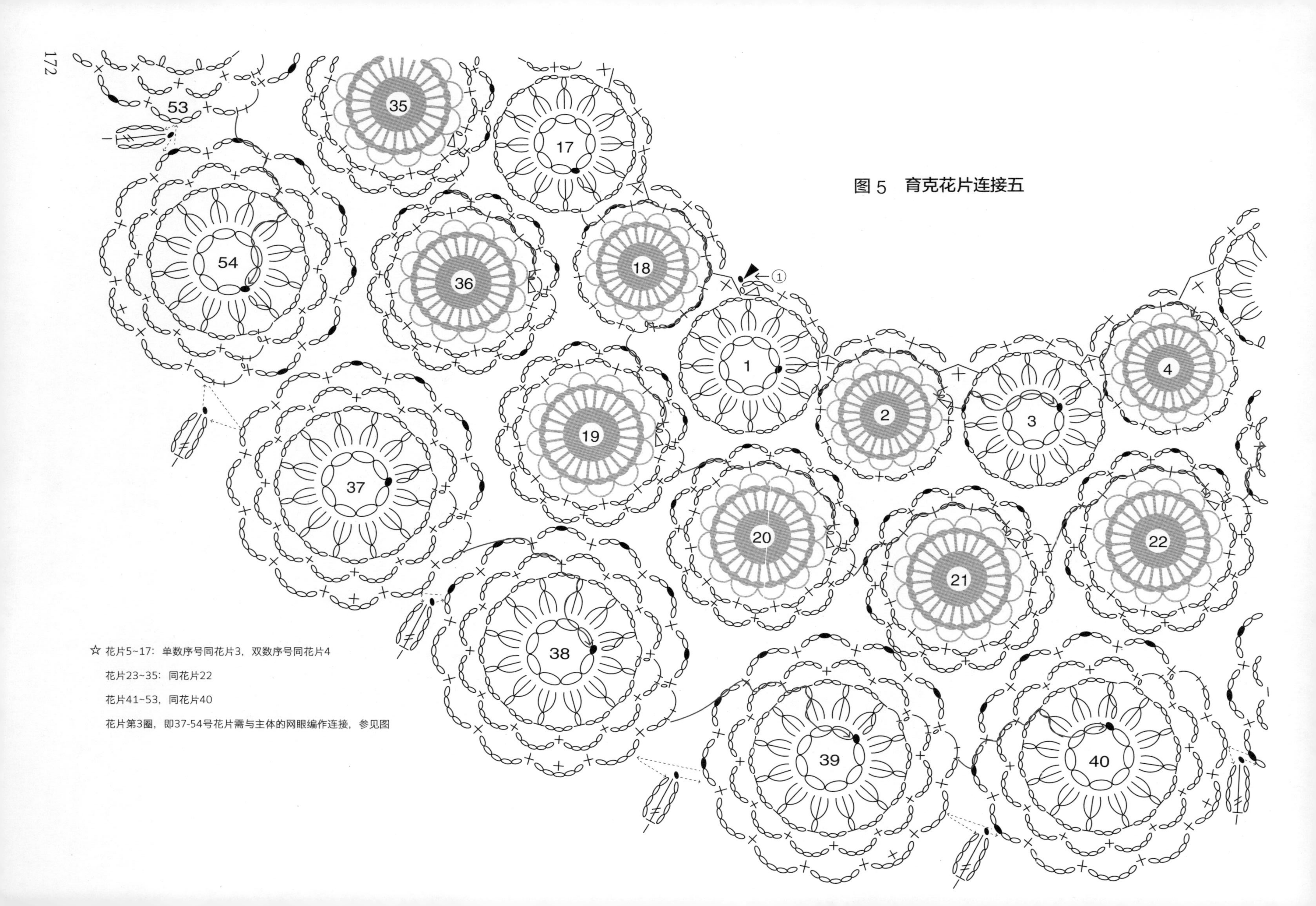

图 5　育克花片连接五

☆ 花片5~17：单数序号同花片3，双数序号同花片4

花片23~35：同花片22

花片41~53，同花片40

花片第3圈，即37-54号花片需与主体的网眼编作连接，参见图

附录

[编织符号]

锁针

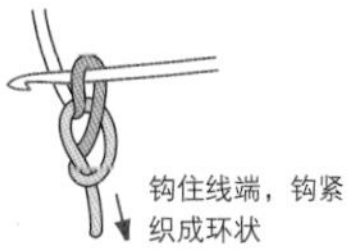

钩住线端，钩紧织成环状

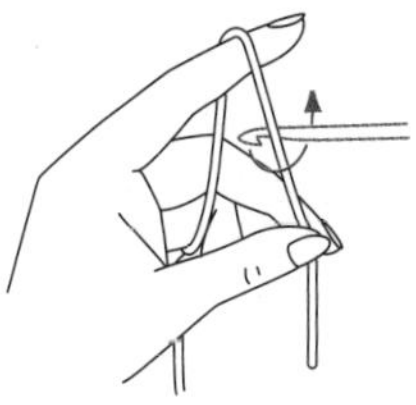

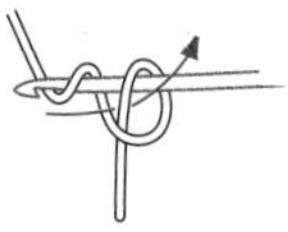

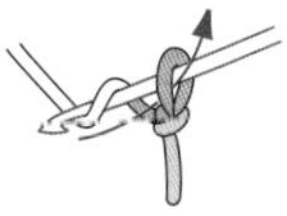

短针

+(X)

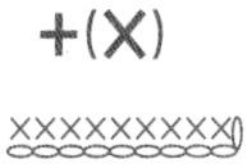

1 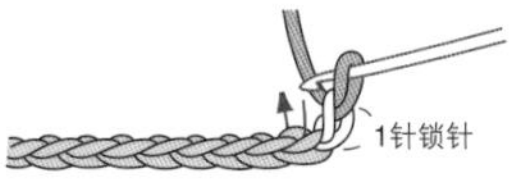 锁针织1针（起立针），将钩针穿到起针的第1针里。（1针锁针）

2 按照图示将线钩出。

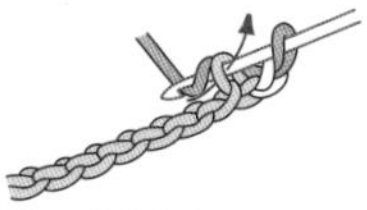

3 钩住线，将针上的线圈一起钩出。

4 织完1针。短针针法里，竖着的锁针部分不计算在总针数里（如图）。

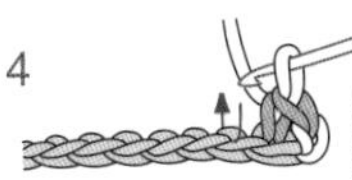

5 重复步骤1～3。

6

中长针

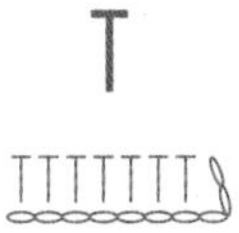

1 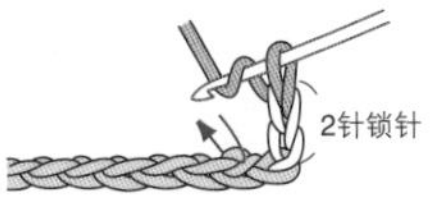 锁针织2针（起立针），钩针钩住线，穿到起针第2针里。（2针锁针）

2 钩住线，按照图示将线抽出约锁针2针的高度。

3 钩住线，将针上的线圈一起钩出。

4 1针编织完成（锁针的1针算在总针数里）。

5 重复步骤1～3。

6

长针

1  锁针织3针（起立针），钩针钩住线，穿到起针第2针里。（3针锁针）

2 钩住线，按照图示将线抽出一行约1/2的高度。

3 钩住线，将线抽出一行的高度。

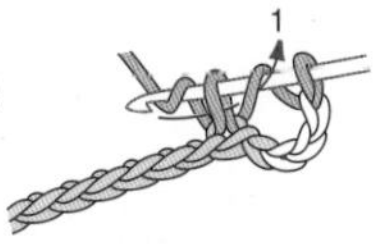

4 钩住线，将针上的线圈一起钩出。

5 1针编织完成（锁针的1针算在总针数里）。

6 重复步骤1～4。

长长针

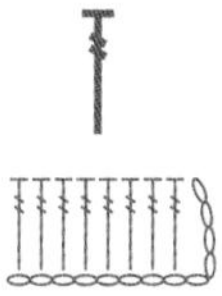

1  锁针织4针（起立针），钩针钩住2圈线，穿到起针第2针里。（4针锁针）

2 钩住线，按照图示将线抽出一行约1/3的高度。

3 钩住线，将针上的2个线圈一起钩出。

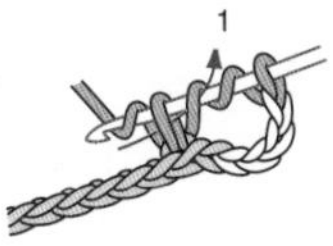

4 钩住线，将针上的2个线圈一起钩出。

5 再将剩下的2个线圈一起钩出。

6 重复步骤1～5（锁针的1针算在总针数里）。

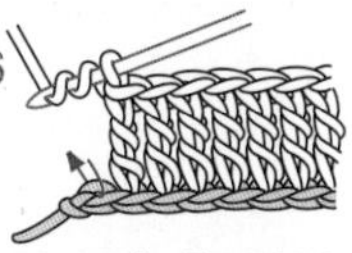

引拔针

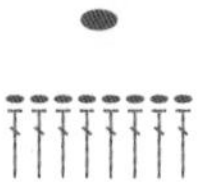

1 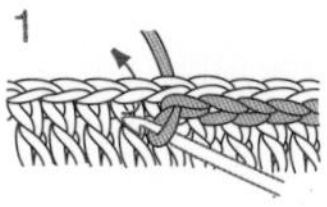 将针插入前一行的针眼里。

2 钩针钩住线，按照箭头指示将线钩出。

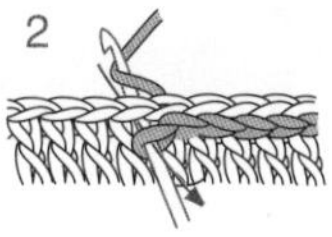

3 重复步骤1、2，注意不要让针眼都缩到一起了。

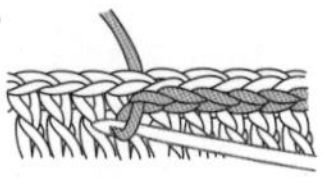

短针 1针放2针

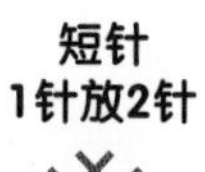

1

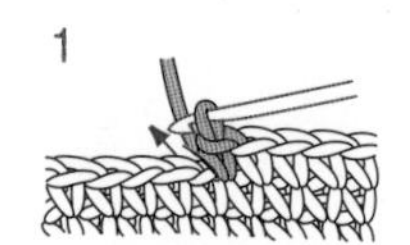

短针织1针，在同一针上再织一次。

2

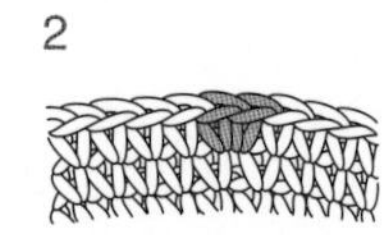

1针加针。

短针 1针放3针

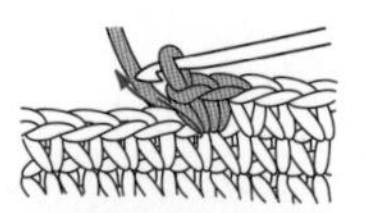

用"短针1针放2针"一样的要领在同一针的位置上3次插入针编织短针。

长针 1针放2针

1

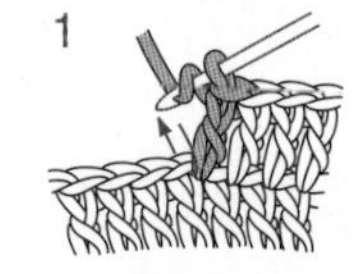

长针织1针，在同一针上再织一次。

2

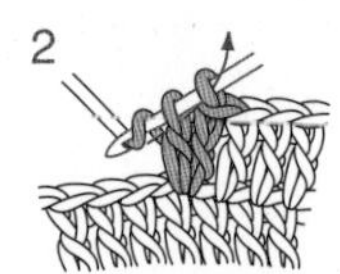

整理好针眼的高度之后长针织。

3

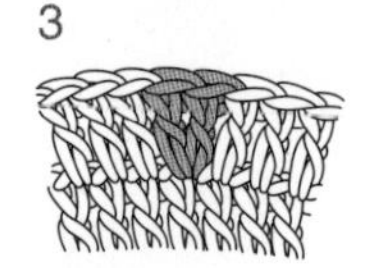

1针加针。

即便编织针数增加了，也还是依照同样的要领编织。

和 的区别

底部连在一起

将针插入前一行的1扣里。

底部分开

将针穿过前一行锁针部分的全部线圈。

2针短针并1针

1

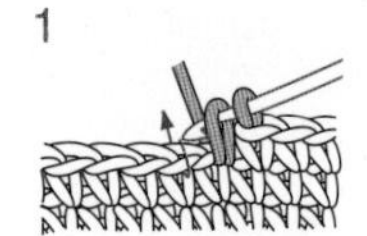

将第1针的线钩出，接着将线从下面一针的针眼中抽出。

2

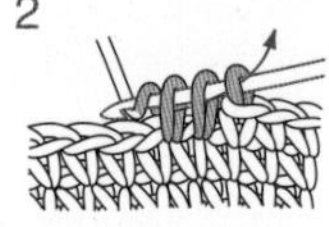

钩针钩住线，将针上的线圈一块钩出。

3

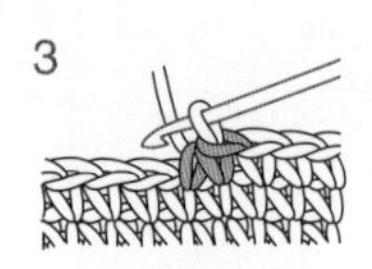

短针织的2针变成了1针。

2针长针并1针

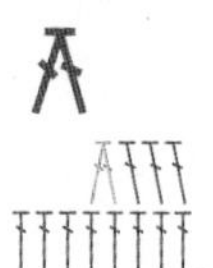

1

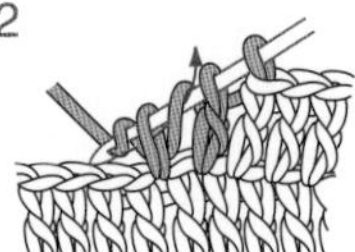

长针织到一半，将针插入下一针中将线抽出。

2

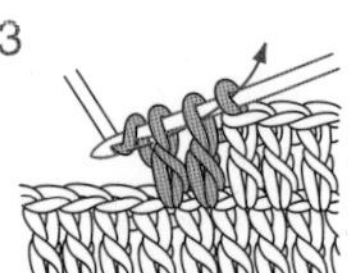

继续长针织。

3

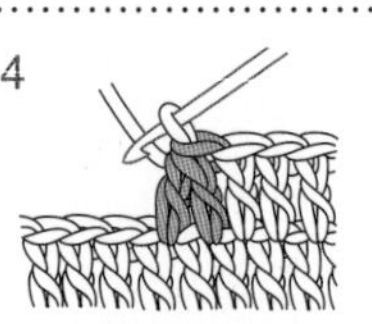

整理好2针的高度之后，用钩针一并钩出。

4

长针2针变成1针。

3针中长针的枣形针

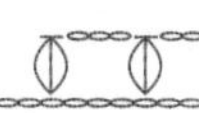

※ 针数改变，要领也还是相同的。

1

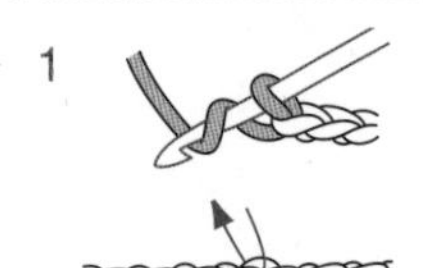

钩针钩住线，按照图示插针，将线钩出（未完成的中长针编织）。

2

在同一针上编织未完成的中长针。

3

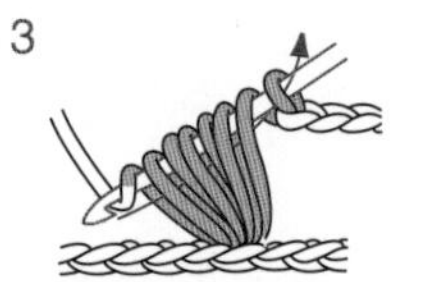

在同一针上再织1针未完成的中长针，整理好3针针眼的高度之后，用钩针一并钩出。

4

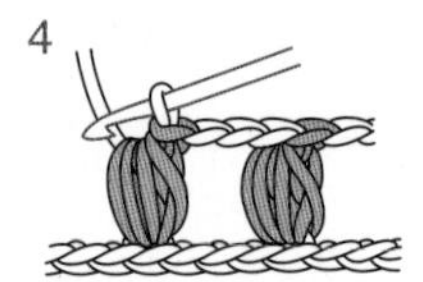

3针长针的枣形针

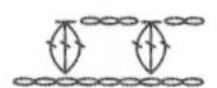

1

织到长针的一半（未完成的长针编织）。

2

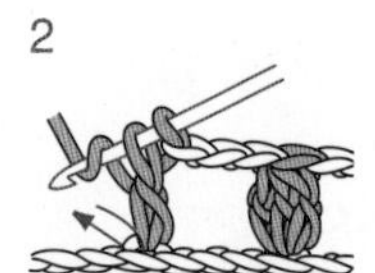

在同一针上编织未完成的长针编织。

3

在同一针上再织一针未完成的长针编织，整理好3针针眼的高度之后，用钩针一并钩出。

结粒针（狗牙针）

1

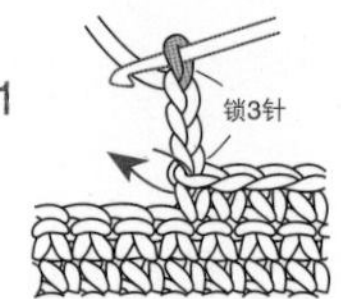

锁3针。按照图示指示用钩针钩住短针针眼的2股线。

2

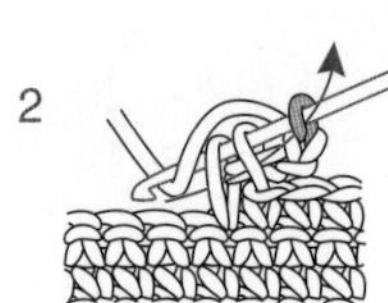

钩针钩住线，将所有的线一并钩出。

3

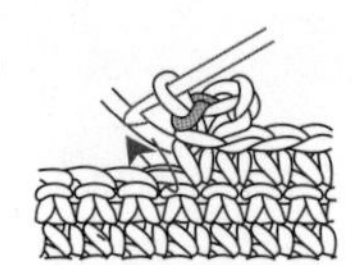

完成。下面继续编织短针。

[花片基础连接方式]

图书在版编目（CIP）数据

嫵兮整花一线连 ：无须断线的钩编花片应用 / 顾嫵婕著. -- 上海 ：上海科学技术出版社，2022.10
（编织的世界）（2023.10重印）
ISBN 978-7-5478-5849-3

Ⅰ. ①嫵… Ⅱ. ①顾… Ⅲ. ①钩针－编织－图集
Ⅳ. ①TS935.521-64

中国版本图书馆CIP数据核字(2022)第161528号

嫵兮整花一线连：无须断线的钩编花片应用
顾嫵婕 著

上海世纪出版（集团）有限公司
上 海 科 学 技 术 出 版 社 出版、发行
（上海市闵行区号景路159弄A座9F-10F）
邮政编码 201101 www.sstp.cn
上海雅昌艺术印刷有限公司印刷
开本 889×1194 1/16 印张 11
字数：250千字
2022年10月第1版 2023年10月第3次印刷
ISBN 978-7-5478-5849-3/TS·254
定价：78.00元
